绿色产品认证风险管控：理论探索与系统实现

Risk Control of Green Product Certification: Theoretical Exploration and System Implementation

张长鲁　张　健　金春华　著

中国环境出版集团 · 北京

图书在版编目（CIP）数据

绿色产品认证风险管控：理论探索与系统实现/张长鲁，张健，金春华著. —北京：中国环境出版集团，2021.6
ISBN 978-7-5111-4742-4

Ⅰ. ①绿… Ⅱ. ①张…②张…③金… Ⅲ. ①环境保护—产品质量认证—风险管理—研究 Ⅳ. ①X384

中国版本图书馆 CIP 数据核字（2021）第 106508 号

出 版 人　武德凯
责任编辑　宾银平
责任校对　任　丽
封面设计　彭　杉

出版发行　中国环境出版集团
（100062　北京市东城区广渠门内大街 16 号）
网　　址：http://www.cesp.com.cn
电子邮箱：bjgl@cesp.com.cn
联系电话：010-67112765（编辑管理部）
010-67113412（第二分社）
发行热线：010-67125803，010-67113405（传真）
印　　刷　北京建宏印刷有限公司
经　　销　各地新华书店
版　　次　2021 年 6 月第 1 版
印　　次　2021 年 6 月第 1 次印刷
开　　本　787×1092　1/16
印　　张　10.25
字　　数　230 千字
定　　价　58.00 元

本书获以下项目联合资助

国家重点研发计划项目“重点领域绿色产品认证关键技术研究”（2017YFF0211500）

北京世界城市循环经济体系（产业）协同创新中心运行经费（5026010961）

北京市教委科技计划项目“面向数据粒度分级的绿色产品认证溯源及系统研发”（KM201911232008）

促进高校内涵发展项目“面向数据资源生命周期的数据治理平台建设”（521201090A）

前言

习近平总书记在党的十八届五中全会上明确提出了“创新、协调、绿色、开放、共享”五大发展理念。其中，绿色发展注重的是解决人与自然和谐的问题，强调经济系统、社会系统和自然系统的和谐共生。

工业革命以来，随着蒸汽动力、电力和信息技术的广泛应用，人类生产力大大提高，经济快速发展，社会迅速进步。然而，与此伴生的是环境污染、资源能源耗竭、人口急剧膨胀。1962 年出版的《寂静的春天》一书展现了杀虫剂、除草剂等化学品污染对生态环境的影响，给予人类强有力的警示。1972 年出版的《增长的极限》一书说明了可持续发展的重要性。

近年来，为实现资源能源节约、环境友好型发展，我国开展了诸如节能、节水、低碳、循环、有机等多种认证活动，这些认证活动在特定的历史阶段都发挥了其应有的作用。然而，这些认证活动均由不同主管部门分头设立，所依据的认证制度和认证标准差异较大，在实施和应用过程中也出现了一系列典型问题：一是各主管部门分头设立的认证体系只包含产品部分绿色属性，无法实现产品绿色属性的全覆盖；二是多样化的认证体系对产品绿色属性的评价标准差异较大，甚至出现各绿色属性之间相互矛盾的现象，如有些产品低碳不节能、节能不环保等；三是种类繁多的认证标识给消费者选购绿色产品造成了困扰和阻碍，降低了人们对绿色标识的认可度。

为进一步促进供给侧结构性改革，满足广大人民群众对高品质产品的需求，促进国民经济高质量发展，2015 年 9 月，中共中央、国务院印发《生态文明体制改革总体方案》，提出："建立统一的绿色产品体系。将目前分头设立的环保、节能、节水、循环、低碳、再生、有机等产品统一整合为绿色产品，建立统一的绿色产品标准、认证、标识等体系。"2016 年 12 月，国务院办公厅发布的《关于建立统一的绿色产品标准、认证、标识体系的意见》明确指出："按照统一目录、统一标准、统一评价、统一标识的方针，将现有环保、节能、节水、循环、低碳、再生、有机等产品整合为绿色产品，到 2020 年，初步建立系统科学、开放融合、指标先进、权威统一的绿色产品标准、认证、标识体系，健全法律法规和配套政策，实现一类产品、一个标准、一个清单、一次认证、一个标识的体系整合目标。"

为落实《生态文明体制改革总体方案》中绿色产品体系建设的工作部署，实现国务院有关绿色产品整合的工作目标，科技部会同原国家质量监督检验检疫总局等 13 个部门，制定了"国家质量基础的共性技术研究与应用"重点专项实施方案。实施方案围绕计量技术、认证认可、典型示范等

5 个方面设置了 11 项重点任务，其中之一是“重点领域绿色产品认证关键技术研究”。该任务着重研究绿色产品多属性综合评价共性技术和模型；针对重点领域的典型产品，研究绿色产品综合量化评价指标体系、认证过程风险控制、溯源技术、认证结果指标量化及实施效果评估技术。

本书是国家重点研发计划项目“重点领域绿色产品认证关键技术研究”的研究成果之一。作为“重点领域绿色产品认证关键技术研究”参研单位，北京信息科技大学项目组围绕绿色产品认证过程的风险控制与溯源技术问题展开了研究，具体包括剖析绿色产品认证流程中的风险发生机理，进行认证过程中关键风险点识别与溯源理论模型构建，探索基于神经网络的认证风险智能评价，并开发了一套绿色产品认证信息网络平台。

本书分为 8 章。

第 1 章是绪论。简要介绍了本书的研究背景、研究目的及意义，系统介绍了全书的研究内容与所采用的研究方法，凝练了本研究的主要创新点。

第 2 章是相关研究述评。首先，回顾了绿色产品的概念提出以及世界典型国家和地区绿色产品认证开展推行情况；其次，梳理了针对产品认证过程中的风险管理研究，具体包括认证风险识别研究现状、认证风险分析与评价研究现状和认证风险应对研究现状；最后，梳理了产品与服务追溯研究现状。在上述回顾的基础上，进行了相关研究总结。

第 3 章是绿色产品认证业务分析与风险识别。首先，梳理了绿色产品认证业务流程及要求，具体分析了认证申请、初始检查、产品抽样检验、认证结果评价与批准以及获证后监督等流程的业务要求；其次，从人员、技术、管理和信息四个方面阐述了绿色产品认证风险要素导致绿色产品认证失效的机理；最后，探索从认证业务流程视角、利益相关者视角和关键认证要素视角识别绿色产品认证风险要素。

第 4 章是绿色产品认证关键风险点分析。首先，在各风险点相互独立的情境下，运用层次分析法和熵权法相结合的组合赋权模型进行关键风险点识别；其次，在考虑风险点内在关联的情境下，探索运用 ISM-ANP 模型和 DEMATEL-ANP 模型进行不同数据粒度认证风险要素划分以及关键风险点识别。

第 5 章是绿色产品认证风险智能评价。针对大数据量情境下绿色产品认证风险智能评价问题，探索了 BP 神经网络模型和 PNN 模型的应用。其中，针对 BP 神经网络模型，分别对经典 BP 神经网络模型、基于 L-M 算法改进的 BP 神经网络模型和基于 SCG 算法改进的 BP 神经网络模型进行建模和示例研究。针对 PNN 模型，进行了模型结构设计和参数计算，并运用示例数据进行了模型训练和测试。

第 6 章是绿色产品认证风险溯源研究。首先，在基于利益相关者视角进行风险点分析的基础上，构建了绿色产品认证风险溯源贝叶斯网络拓扑结构；其次，针对部分风险点数据难以量化的问题，引入三角模糊数方法进行处理；最后，利用示例数据进行贝叶斯仿真，分析了认证失效的关键致因链，并分析了每个风险因素的失效度和敏感度，结合失效度和敏感度分析结果，提出了风险应对策略。

第 7 章是绿色产品认证信息网络平台研发。在绿色产品认证风险管控理论研究的基础上，运用信息技术手段进行绿色产品认证信息网络平台研发。面向社会公众、委托企业和认证机构三类主体，进行了不同用户角色的需求分析和功能设计，在此基础上完成信息网络平台的开发，实现了绿色产品认证业务的在线办理、风险评价、追踪溯源以及重要资讯的发布等功能。

第 8 章是结论与展望。总结了本书研究的主要结论及其对提高绿色产品认证风险管控科学化水平的指导作用，并对此后可进行深化研究的方向进行了展望。

本书研究过程中有多位科研人员参与。其中，张健教授进行整体研究思路设计。张长鲁、张健、金春华三位老师主持具体研究工作。在具体分工上，张长鲁负责开展绿色产品认证业务流程分析、基于认证业务流程视角的风险识别、基于关键认证要素视角的风险识别、基于组合赋权模型的绿色产品认证关键风险点分析、基于 DEMATEL-ANP 模型的绿色产品认证关键风险点分析、绿色产品认证信息网络平台研发等工作。张健负责开展基于 ISM-ANP 模型的绿色产品认证关键风险点分析以及绿色产品认证风险智能评价工作，贺一恒、苏亚松等同学参与其中。金春华负责开展基于利益相关者视角的风险识别以及绿色产品认证风险溯源研究工作，张俊同学参与其中。此外，王宁、马艳红、樊宇等老师也对研究工作给予了具体指导，张修康、宋卓迅、武余钦、夏江、温正、李兆耀等研究生也参与了课题研讨。

在本书研究过程中，中国质量认证中心、中国建材检验认证集团股份有限公司、中环联合（北京）认证中心有限公司、深圳市计量质量检测研究院等单位的专家多次给予指导，笔者在此深表谢意！同时，在研究中笔者参阅了大量的相关文献，吸收、借鉴了很多专家、学者的研究成果，尽管我们力图标明所有被引用内容的出处，但恐有疏漏，在此一并表示感谢！

在本书撰写过程中，尽管笔者全力投入，但由于水平所限，可能仍存在不妥甚至舛误，在此敬请各位读者批评指正。

作者

2020 年 12 月

目　录

第 1 章
绪　论

绿色产品认证是促进供给侧结构性改革、满足人民日益增长的美好生活需要、实现高质量发展的重要举措。加强绿色产品认证过程中的风险管控是确保绿色标识权威有效，提高绿色产品社会认可度的重要措施。本章主要对本书的研究背景、目的及意义、内容与方法等进行论述，提出面向绿色产品认证过程开展风险识别、风险分析、风险评价及风险溯源，进而搭建绿色产品认证信息网络平台的总体研究思路。

1.1　研究背景

长期以来，为实现资源能源节约、环境友好型发展，我国开展了诸如节能、节水、低碳、循环、有机等多种认证活动，这些认证活动在特定的历史阶段都发挥了其应有的作用。然而，这些认证活动均由不同主管部门分头设立，所依据的认证制度和认证标准差异较大，在实施和应用过程中也出现了一系列典型问题：一是各主管部门分头设立的认证体系只包含产品部分绿色属性，无法实现产品绿色属性的全覆盖；二是多样化的认证体系对产品绿色属性的评价标准差异较大，甚至出现各绿色属性之间相互矛盾的现象，如有些产品低碳不节能、节能不环保等；三是种类繁多的认证标识给消费者选购绿色产品造成了困扰和阻碍，降低了人们对绿色标识的认可度。

为进一步促进供给侧结构性改革，满足广大人民群众对高品质产品的需求，促进国民经济高质量发展，2015 年 9 月，中共中央、国务院印发《生态文明体制改革总体方案》，提出："建立统一的绿色产品体系。将目前分头设立的环保、节能、节水、循环、低碳、再生、有机等产品统一整合为绿色产品，建立统一的绿色产品标准、认证、标识等体系。"2016 年 12 月，国务院办公厅发布的《关于建立统一的绿色产品标准、认证、标识体系的意见》明确指出："按照统一目录、统一标准、统一评价、统一标识的方针，将现有环保、节能、节水、循环、低碳、再生、有机等产品整合为绿色产品，到 2020 年，初步建立系统科学、开放融合、指标先进、权威统一的绿色产品标准、认证、标识体系，健全法律法规和配套政策，实现一类产品、一个标准、一个清单、一次认证、一个标识的体系整合目标。"

2018 年，国家市场监督管理总局发布了《绿色产品评价标准清单及认证目录（第一批）》，涉及的产品包括人造板和木质地板、涂料、卫生陶瓷、建筑玻璃、太阳能热水系统、家具、绝热材料、防水与密封材料、陶瓷砖（板）、纺织产品、木塑制品、纸和纸制品等 12 类。同年，浙江绿色认证联盟在湖州成立，联盟成员单位中国建材检验认证集团股份有限公司于 2018 年 11 月颁发了全国首批绿色产品认证证书，涉及 14 家企业的 25 种产品。2019 年 5 月，国家市场监督管理总局发布了《绿色产品标识使用管理办法》，对绿色产品标识的适用范围、样式、使用及监督管理予以明确规定。2020 年 3 月，国家认证认可监督管理委员会发布《绿色产品认证机构资质条件及第一批认证实施规则》（认监委公告〔2020〕6 号），明确了开展绿色产品认证工作的认证机构应具备的资质条件，以及 12 项绿色产品认证实施规则。至此，我国已初步构建了首批绿色产品评价标准、认证规则及标识体系，为绿色产品认证工作的开展奠定了制度规范基础。

然而，由于绿色产品相较于以往的“涉绿”产品在指标控制上更为综合、严格，根据《绿色产品评价通则》（GB/T 33761—2017）的要求，绿色产品评价指标涉及资源、能源、环境和品质四个方面，且要遵循“绿色高端引领”原则，符合绿色产品评价要求的领先产品不超过同类可比产品的5%；与此同时，绿色产品认证基于全生命周期理念，不仅涉及产品本身，还涉及产品生产所需的关键原材料、产品消费使用过程以及产品最终报废回收等多个环节[1]。因此，绿色产品认证环节多、周期长、风险点多的特征尤为明显。为推动绿色产品认证工作有效实施，保证绿色产品标识的权威性和有效性，有必要开展绿色产品认证风险管控研究，对绿色产品认证过程进行风险分析，识别关键风险点，进行绿色产品认证风险综合评价及溯源，形成一套绿色产品认证风险管控理论体系。

1.2 研究目的及意义

1.2.1 研究目的

我国绿色产品认证尚处于起步阶段，本研究属于面向绿色产品认证风险管控的预探索研究，研究目的如下：

1）系统梳理当前不同领域的绿色产品认证实施规则，分析绿色产品认证模式，提取共性认证流程，分析认证业务流程中各个环节的关键管控要素，进而剖析绿色产品认证的风险机理，为绿色产品认证的风险识别、分析、评价、溯源等研究工作奠定基础。

2）尝试从不同的视角进行绿色产品认证风险识别。绿色产品认证采用“初始检查+产品抽样检验+获证后监督”认证模式，基于全生命周期理念开展，涉及社会公众、认证机构、委托企业和监管机构等多个利益相关者，认证过程需全方位考虑产品的资源、能源、环境和品质属性。因此，鉴于认证过程风险多样、错综复杂，本研究旨在探索提出一套科学合理的风险点识别方法。

3）探索适用于绿色产品认证关键风险点识别的模型方法。在现实的绿色产品认证风险管理中，囿于人力、财力、物力等各方面资源的有限性，监管部门或认证机构不可能实现也不必对所有风险点进行管控。因此，需要在众多的风险点中识别出影响认证有效性的关键风险点。因为绿色产品认证风险要素之间并不是孤立存在的，而是彼此相互影响的，所以在关键风险点识别过程中要充分考虑这种内在复杂性，进而采用科学适用的模型方法进行关键风险点识别。

4）探索面向未来海量认证业务情境下的智能风险评价模型和风险溯源模型。随着绿色产品认证工作在全国范围内的全面推行，我国将形成海量绿色产品认证业务数据，传统的小数据规模情境下的风险评价模型与溯源模型在精确度、效率等方面已无法满足海量认证数据情境下的风险评价需求，因此本研究探索 BP 神经网络模型在认证风险评价建模中的应用。同时，认证过程全程留痕形成的海量认证数据为风险溯源奠定了数据基础，本研究探索海量数据情境下基于贝叶斯网络的量化风险溯源模型与方法。

5）开发基于信息技术的绿色产品认证业务处理、风险管理与溯源信息网络平台。以大数据、云计算、移动互联网为代表的新一代信息技术改变了社会生产、生活的诸多方面；依赖新一代信息技术，人们获取、传输、处理信息的方式发生了很大变化。基于此，开发面向社会公众、委托企业和认证机构的绿色产品认证信息网络平台，实现重要公告（通知）发布、在线业务处理、认证风险管理、认证过程追溯等功能。

1.2.2 研究意义

本研究具有一定的理论意义和较强的现实意义。

（1）理论意义

本研究在一定程度上丰富了风险管理理论和认证管理理论的内涵，实现了风险管理理论在绿色产品认证领域的全新探索。

长期以来，风险管理的原理与评估技术是理论界研究的重要领域。当前针对风险管理的原理、过程与评估技术已形成了相对完善的研究成果，并以国家标准的形式予以发布，如《风险管理 术语》（GB/T 23694—2013）、《风险管理 原则与实施指南》（GB/T 24353—2009）、《风险管理 风险评估技术》（GB/T 27921—2011）等。以往形成的风险管理理论成果对本研究有很大的指导意义，如本研究采用的层次分析法（AHP）、网络层次分析法（ANP）、德尔菲法（Delphi Method）都是传统风险评估技术的应用。与此同时，本研究面向大数据时代风险管控的现实需求，引入了决策与实验室方法（DEMATEL）、解释结构模型（ISM）、反向传播（BP）神经网络、概率神经网络（PNN）等新的理论模型，探索绿色产品认证过程中的风险管控问题，并通过实例或示例进行数据分析和应用，这对于丰富风险管理理论有一定的意义。

同时，本研究针对绿色产品认证过程中的风险问题开展研究，以期提高绿色标识的权威性和有效性。以往的研究更多的是从监管部门和被监管对象的博弈、绿色标识有效性与消费者购买意愿和行为等视角展开。而本研究深入细致地从不同视角进行认证风险点的识别，尝试采用多种理论模型进行关键风险点的提取，并运用大数据分析方法进行风险的智能评价与溯源，探索构建一整套面向绿色产品认证领域的风险识别、分析、评价与溯源的理论体系，对于丰富认证管理理论有一定的意义。

（2）现实意义

本研究具有较强的现实意义。我国自20世纪80年代开展产品认证活动到目前已有40年历史，在这一过程中针对认证风险的管控也逐步深化，形成了以政府部门监管为主、社会公众监督为辅的风险管控手段。但随着产品认证类型的增多、认证产品数量的迅速增长，政府监管显得力不从心，而获证产品被认证的诸多指标以感官观测的形式通常难以发现风险问题，因此消费者对绿色产品的符合度通常难以界定，再加上当前缺乏有力的消费者参与激励机制，使得社会公众对绿色产品的监督力度也不足。因此，各类贴有绿色标识的产品充斥市场，而其权威性、有效性存疑，各类虚假标称、过期使用标识、认证审核不严等问题普遍存在，导致绿色产品权威性大打折扣，消费者认可度极低。

以往针对认证过程中的风险管理研究成果，以定性分析风险点为主，缺乏关键风险点识别和认证风险评价的科学有效手段。受限于传统绿色标识仅关注产品的某个或某几个绿色属性的问题，以及认证实施规则相对简单的问题，传统认证风险点识别方法对当前推行的绿色产品认证风险管控并不完全适用。因此，本研究依托最新的绿色产品认证实施规则，从认证业务流程、利益相关者等多视角进行风险点识别；以组合赋权模型、DEMATEL-ANP 模型、ISM-ANP 模型等进行关键风险点分析；运用 BP 神经网络模型、PNN 模型进行大数据背景下的风险智能评价；运用贝叶斯网络进行认证风险的回溯；开发绿色产品认证信息网络平台。研究成果不仅考虑了绿色产品的全生命周期属性，而且考虑了资源、能源、环境和品质属性，完全符合绿色产品认证风险管控的要求。研究成果具有适用性、科学性和可行性，为未来一定时期内我国推行绿色产品认证工作提供了体系完整的风险管控手段。因此，本研究具有较强的现实意义。

1.3　研究内容与方法

1.3.1　研究内容

本研究针对绿色产品认证风险管控问题开展研究，从绿色产品认证业务流程分析入手，进行了认证风险的识别、认证关键风险点分析、认证风险智能评价、认证风险溯源和绿色产品认证信息网络平台研发等工作。

第一，系统梳理国家认证认可监督管理委员会 2020 年发布的 12 项绿色产品认证实施规则，总结凝练认证业务流程以及各环节的认证要求，在此基础上从人员、技术、管理、信息四个风险因素分析绿色产品认证风险机理，并从认证业务流程视角、利益相关者视角和关键认证要素视角进行认证风险点识别。其中，基于认证业务流程视角的风险识别从认证申请环节、资料技术评审环节、现场检查环节、产品抽样检验环节、获证后监督环节提取了 16 个基本风险点。基于利益相关者视角的风险识别从认证机构、委托企业和检验检测机构三类主体提取了相关的主要风险因素。基于关键认证要素视角的风险识别从认证机构、委托企业、认证业务和认证实施四个关键要素提取了 18 个基本风险点。

第二，为识别绿色产品认证过程中的关键风险要素，探索各类风险要素之间的相互影响关系，进行了多方法、多视角的关键风险点识别理论模型探索。其中，基于组合赋权模型的关键风险点识别方法将 AHP 和熵权法进行有机整合，既能在 AHP 中充分体现专家经验的价值，又能在熵权法中依托客观数据提供有效信息，实现了主、客观评价的结合。基于 ISM-ANP 的关键风险点识别模型首先运用 ISM 计算可达矩阵，分析各风险要素的驱动力和依赖性，依据各风险要素的可达集合，构建风险层次结构模型，为 ANP 的运用奠定基础；运用 ANP 计算各风险要素的权重，确定关键风险要素。基于 DEMATEL-ANP 的关键风险点识别模型首先运用 DEMATEL 进行风险点原因度和中心度的计算，依托原因度分析各类风险点之间的驱动关系，依托中心度识别关键风险点，构建风险因果关系图；然后运用 ANP 进行风险点权重的计算；最后将各类风险的中心度和权重整合，形成关键风险点排序表。

第三，为解决大数据时代海量认证数据情境下的智能风险评价问题，探索构建了基于 BP 神经网络和 PNN 的绿色产品认证智能风险评价模型。其中，基于 BP 神经网络的认证风险评价模型，研究对比了经典 BP 神经网络模型、基于 Levenberg-Marquardt（L-M）算法改进的 BP 神经网络模型和基于量化共轭梯度（SCG）算法改进的 BP 神经网络模型在训练效果上的差异。基于 PNN 的认证风险评价模型，探索了其在绿色产品认证风险评价中的应用，确定了 PNN 的学习算法和参数选取问题，进而通过示例数据进行模型训练和结果分析。

第四，绿色产品在市场流通过程中，可能会由于认证过程中的风险点管控不到位引发标识失效的情形，亦即消费者所购买的商品无法满足绿色标识的要求。此时需要对认证过程进行回溯，排查认证过程中哪些环节出现了问题。本研究运用贝叶斯网络与三角模糊数相结合的方法，分析认证风险因素的因果关系，搭建贝叶斯网络拓扑图，获取贝叶斯网络条件概率值，实现正向与逆向的综合推理，快速锁定绿色标识失效时需重点关注的风险点。

第五，利用信息技术手段研发绿色产品认证信息网络平台。首先分析了信息网络平台的不同用户，进而对社会公众、委托企业和认证机构三类用户进行需求分析与功能设计。其中，面向社会公众设计了认证申请、认证公示、立即追溯、投诉建议、工作动态、政策标准等功能，面向委托企业设计了认证流程、认证申请、认证进度及即时消息等功能，面向认证机构设计了流程管理、认证管理、认证公示、风险管理、资讯管理、投诉建议等功能。

综上所述，本书研究内容框架如图 1-1 所示。

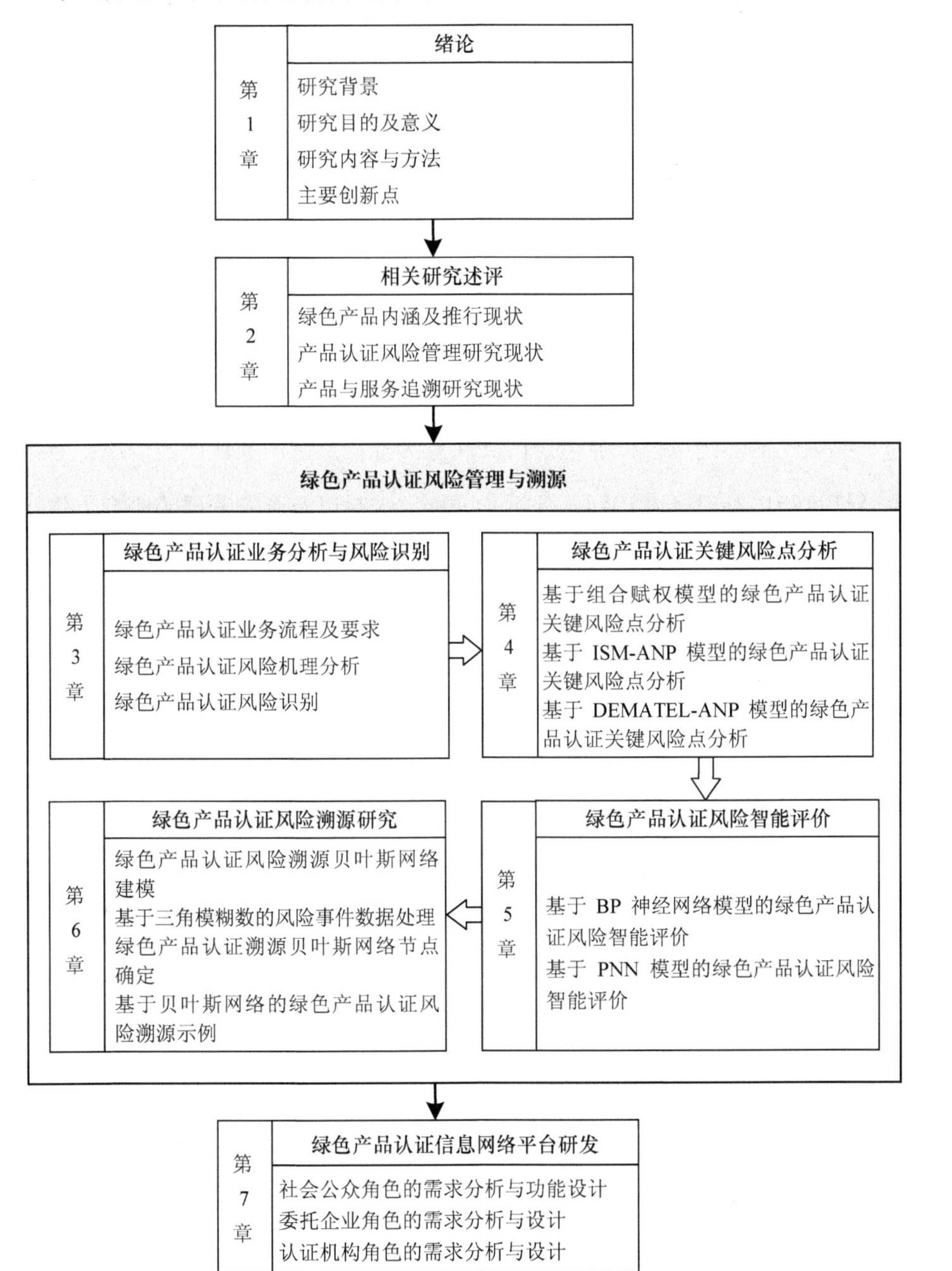

图 1-1　研究内容框架

1.3.2 研究方法

本书在研究过程中注重规范研究与实例/示例研究相结合、定性分析与定量分析相结合。具体来说，本书主要采用了文献研究法、定性分析法、定量研究法和问卷调查法。

（1）文献研究法

文献研究法是针对研究领域的文献资料进行收集、分析和评述，以把握该领域研究进展与动态的一种研究方法。本书第 2 章通过文献研究法梳理了国内外对绿色产品内涵的界定以及世界主要国家和地区推行绿色产品认证的情况；回顾了产品认证过程中针对风险识别、分析、评价、应对以及溯源开展的研究工作；总结了当前研究取得的成果以及在新的研究背景下存在的一些局限和不足，为本书后续研究奠定基础。本书第 3 章运用文献研究法收集整理了我国有关部门发布的绿色产品认证国家标准和实施规则，针对绿色产品认证业务流程及要求进行了分析梳理。

（2）定性分析法

定性分析法是综合运用归纳和演绎、分析与综合以及抽象与概括等方法，对获得的各种资料进行思维加工，从而达到认识事物本质、揭示内在规律的一种研究方法。本书第 3 章运用定性分析法，从人员、技术、管理、信息四个方面对绿色产品认证风险机理进行分析，并从认证业务流程、利益相关者和关键认证要素等视角进行认证风险点识别。

（3）定量研究法

在科学研究中，定量研究法可以使人们对研究对象的认识进一步精确化，以便更加科学地揭示规律、把握本质、厘清关系，预测事物的发展趋势。本书运用定量研究法进行认证关键风险点识别、认证风险智能评价和溯源，使研究更加精确、更具说服力。具体来说，第 4 章运用组合赋权模型、ISM-ANP 模型、DEMATEL-ANP 模型开展关键风险点量化识别，第 5 章利用 BP 神经网络模型、PNN 模型进行认证风险的智能评价，第 6 章运用贝叶斯网络进行认证风险溯源。

（4）问卷调查法

问卷调查法是指运用科学有效的调查方法，有目的、有计划地收集项目研究所需资料数据的研究方法。本书第 4 章 AHP、DEMATEL、ISM 中广泛运用问卷调查法，通过专家调查获取专家打分数据，为定量研究奠定数据基础。

1.4 主要创新点

本研究创新点主要体现在以下几个方面：

（1）研究对象创新

以往针对产品认证风险的研究，大都针对产品本身的研发设计、生产制造、流通使用中存在的风险展开研究。本研究以绿色产品认证过程为研究对象，着重对绿色产品认证的各个业务流程进行风险分析和关键风险点识别。研究对象由传统的产品本身转变为认证服务。

（2）研究方法创新

在绿色产品认证关键风险点识别方面，采用基于认证业务流程视角、基于利益相关者视角和基于关键认证要素视角的风险点识别方法。在关键风险点提取方面，创新性地采用 AHP-熵权组合赋权模型、ISM-ANP 模型以及 DEMATEL-ANP 模型进行不同情形下的关键风险点识别，其中 AHP-熵权组合赋权模型考虑了主、客观信息价值的综合利用，ISM-ANP 模型和 DEMATEL-ANP 模型考虑了绿色产品认证风险之间的内在交互关系。在绿色产品认证风险智能评价方面，为解决未来海量认证业务情境下绿色产品认证风险智能评价的需求，探索了经典 BP 神经网络模型、改进 BP 神经网络模型及 PNN 模型的综合应用，通过示例研究，进行了模型效果的综合评价。

（3）研究视角创新

针对绿色产品认证风险溯源的传统研究主要从二维码、射频识别等各类溯源技术的应用，溯源信息内容整合等视角展开，本研究从认证溯源的算法视角，探索了贝叶斯方法在认证溯源中的应用。

第2章

相关研究述评

绿色产品认证风险管理是基于对绿色产品、绿色产品认证模式和绿色产品认证实施规则的深刻理解，综合利用风险分析、风险识别、风险评价和风险溯源的各类模型方法开展的风险管控活动。本章对绿色产品认证风险管理的相关研究进行回顾，包括绿色产品的内涵界定、主要国家和地区绿色产品推行情况、产品认证过程中的风险管控及溯源等内容。

2.1 绿色产品内涵及推行现状

2.1.1 绿色产品内涵界定

工业革命以来，随着蒸汽动力、电力和信息技术的广泛应用，人类生产力大大提高，经济快速发展，社会迅速进步。然而与此伴生的是环境污染、资源能源耗竭、人口急剧膨胀。1962 年出版的《寂静的春天》一书展现了杀虫剂、除草剂等化学品污染对生态环境的影响，给予人类强有力的警示。1972 年出版的《增长的极限》一书说明了可持续发展的重要性。为实现可持续发展，必须在产品的设计、制造、使用和废弃等各个环节实现资源能源节约、环境友好。绿色产品即是这样一类产品。绿色产品这一概念最初由美国于20世纪70年代提出，随后各国学者和实践者不断深化了对绿色产品内涵的认识。

当前，国外对绿色产品认可度较高的定义主要有两种：一种认为绿色产品是基于无毒无害原料，通过环保工艺生产，且得到权威认证组织认证的产品[2, 3]；另一种认为绿色产品是在设计、生产、销售和使用过程中都遵循绿色环保要求的产品[4]。根据上述定义，绿色产品应具备以下特征：一是经过具有相应认证资质的组织审查，使用没有危害的原料加工制造，且在制造全过程不产生危害物质；二是能够更好地利用能源资源，同时降低污染物的排放，以此来优化产业结构和改善生态；三是能够在生产者和消费者之间循环回收利用或是可以被生物降解，减少对自然资源的损耗和浪费。

国内对绿色产品的界定是：绿色产品在全生命周期内不会对环境和人类产生危害，并符合节能环保属性要求[5]。如中国环境保护产业协会认为，绿色产品是在全生命周期内满足环保规定下，产生较小的环境污染，资源综合使用程度高且单位能源消耗少的产品。《绿色产品评价通则》（GB/T 33761—2017）中对绿色产品的定义为：在全生命周期过程中，符合环境保护要求，对生态环境和人体健康无害或危害小、资源能源消耗少、品质高的产品[1]。

2.1.2 绿色标识国内外实施现状

绿色产品标识是证明企业提供的产品在生产、加工和使用等方面具备环境保护、资源节约、品质优良等特性的标志。目前世界上多个国家和地区都推出了绿色产品标识，为消费者选购环保、优质商品提供了有效保障，同时也引导、鼓励企业采用绿色技术，推进绿色产品的研发、设计和生产[6, 7]。

（1）国际绿色标识应用现状

当前，世界范围内已发起了 460 多种绿色产品相关标识，这些标识既包含单一绿色环保特性评价，也包括多维度绿色环保特性评价[8]。其中，应用广泛、最具代表意义的有德国的蓝色天使标识、北欧的白天鹅标签、欧盟的生态标签、韩国的生态标签[9]。上述标签的认证都是由各国政府或权威组织发起的，具备完善的认证体系和制度规范，重视产品的全生命周期评估，并且覆盖多个领域、多种类别产品。

德国的蓝色天使标识是 1978 年由联邦德国发起的环境标识，是全球第一个环保标识，也是当前全球应用最广的绿色产品标识。蓝色天使标识共覆盖了 5 个产品领域，分别为家庭生活、纸和印刷、电气设备、建筑供暖、商业市政，涉及产品达 79 种。

北欧的白天鹅标签是 1989 年发起的，是北欧地区通用的官方生态标签，也是全球第一个跨国性的环保标志。北欧白天鹅标签涉及产品类别有 64 种，其中家用轻工产品、建筑产品、工业产品占比较高，分别占 20.3%、18.8%、9.4%。

欧盟的生态标签是欧盟委员会在 1992 年建立的，旨在以全生命周期方法评价产品和服务的环保属性。欧盟生态标签只覆盖 10%～20%的产品。各成员国设立主管机构管理审查标识申请，在欧洲成员国内推行单一标识，为消费者提供有效信息，消除消费者和行政管理者的困扰。欧盟的生态标签没有细分产品，而是设置了 39 个子产品类别，最具代表性的有家用设备、家具、电子设备和服装等。

韩国于 1992 年建立了生态标签，并发布了第一批产品目录，由韩国环境产业技术院负责，韩国产业技术院属于韩国环境部下属政府机构。韩国生态标签获得了全面的推广支持，包括公共采购、招投标评分、产业培育激励、宣传推广等。韩国生态标签涉及产品达 148 种，其中家用轻工产品占 25%，建筑类占 14.9%，家电和影音设备占 12.2%，并且为每类产品制定了相应的评价标准规范。

以上最具代表性的四种绿色产品标识都是在全生命周期评价理念的指导下对产品进行全方位评价的。它们以政府部门领导下的认证机构对企业开展第三方认证的形式，授予产品生态标签的使用权利。

（2）国内绿色标识应用现状

我国产品认证的发展与我国工业化发展、经济发展，尤其是对外经济贸易的发展紧密相关。1981 年，我国成立了第一个产品认证机构（中国电子元器件认证委员会），自此产品认证试点工作在我国拉开了帷幕[10]。2001 年 12 月，我国正式成为世界贸易组织（WTO）成员。为提高我国产品质量水平，促进我国产品“走出去”，原国家质量监督检验检疫总局出台了《强制性产品认证管理规定》[11]。在强制性产品认证推行的过程中，一些自愿性认证也迅速发展起来。截至目前，绿色相关的产品认证体系主要包括中国环境标志认证、低碳认证、节能认证、节水认证、有机产品认证、绿色食品认证等近 30 种。上述绿色相关认证大多只关注产品全生命周期中的单一环节，或单一绿色属性，由不同的部门设立和管理，所采用的认证体系和标准差异较大，造成了同一产品节能不环保、环保不低碳等问题。与此同时，种类繁多的绿色相关认证给企业和消费者带来了困扰，各类标识的公众认知度和认可度并不高。

为加快推进绿色产品认证的发展，完善认证实施体系，提升人们对绿色标识的认可度，国务院办公厅于 2016 年 12 月发布了《关于建立统一的绿色产品标准、认证、标识体系的意见》。该意见要求将分立的绿色标识进行整合，建立统一的认证实施规则。2019 年 5 月，国家市场监督管理总局发布了《绿色产品标识使用管理办法》，明确规定由国家市场监督管理总局统一发布绿色产品标识，建设和管理绿色产品标识信息平台，并对绿色产品标识使用实施监督管理。该办法还明确了绿色产品标识的适用范围：一是认证机构对列入国家统一的绿色产品认证目录的产品，依据绿色产品评价标准清单中的标准，按照国家市场监督管理总局统一制定发布的绿色产品认证规则开展的认证活动；二是国家市场监督管理总局联合国务院有关部门共同推行统一的涉及资源、能源、环境、品质等绿色属性（如环保、节能、节水、循环、低碳、再生、有机、有害物质限制使用等）的认证制度，认证机构按照相关制度明确的认证规则及评价依据开展的认证活动；三是国家市场监督管理总局联合国务院有关部门共同推行的涉及绿色属性的自我声明等合格评定活动。《绿色产品标识使用管理办法》的施行保证了绿色产品认证活动和绿色产品标识的全国统一性、规范性和权威性。

2.2 产品认证风险管理研究现状

产品认证活动本质上是认证机构对产品符合相关标准的一种背书，是优化市场环境、建立信任机制的重要手段。认证活动中的风险管理是确保认证活动有效性和认证标识权威性的有力保障，无论是德国蓝色天使标识、日本生态标章、北欧白天鹅标签的认证工作，还是中国的各类“涉绿”认证，都强调认证过程中的风险管控，将认证过程中的风险管理作为认证体系的重要组成部分。随着认证活动的广泛开展，越来越多的学者关注并研究产品认证过程中的风险管控问题。风险管理过程通常包括风险识别、风险分析、风险评价与风险应对等关键要素，本研究按照以上要素对以往研究开展综述。

2.2.1 认证风险识别研究现状

风险识别是风险评估的首要环节，是发现、列举和描述风险要素的过程，其目的是确定可能影响系统或组织目标得以实现的事件或情况[12]。学者们从不同的视角对认证过程的风险识别展开了研究。

部分学者从认证实施流程的视角进行分析，关注了认证开展过程中的各个环节，即依据认证实施规则，对认证受理、文件审核、认证方案策划、现场检查、综合评价和获证后监督各个环节存在的风险点进行提取。代表性成果如：王文[13]分析了受理阶段、审核策划阶段、组织获证后阶段存在的风险。

部分学者从“人机环管控”等认证参与要素的视角对认证风险进行了分析。代表性成果如：刘宗岸[14]针对有机农产品认证进行了分析，认为存在认证检查安排不当、检查后监管不力等管理方面的风险，检查人员能力不足等人员方面的风险，抽样和检查方式不当等操作方面的风险。

部分学者从更广阔的视角分析了认证风险，认为不能仅考虑认证实施过程中的风险，还应考虑认证项目本身的特性、认证机构自身的风险等。代表性成果如：杜清婷等[15]在针对建筑部品和构配件的认证风险开展研究的过程中，将风险因素划分为三个层次，在传统仅针对认证实施活动进行风险分析的基础上，考虑了认证产品的特性及产品的生命周期因素。庞睿[16]、孙煜等[17]针对药品生产质量管理规范认证过程的风险进行分析，除考虑认证实施过程中的风险因素外，还考虑了认证机构的公正性、准确性和可信性风险以及药品企业的诚信度风险。赵敏[18]针对管理体系认证过程中的风险点进行了分析，从认证机构、外部监管、受评审企业等角度提取了20个风险点。

随着研究的深入，学者们开始针对各类风险因素进行细分研究，形成了更加精细、完善的风险要素体系。代表性成果如：谭福海等[19]针对认证过程中工厂现场检查环节检查员风险开展研究，提取了检查员基础技能、专业技能和职业素养有关的风险；尹晓敏[20]在对认证机构的认可风险进行研究的过程中，提取了认证机构本身存在的体系成熟度、风险管控能力、风险意识等方面的风险。刘川峰等[21]、刘浩[22]、江映珠等[23]对认证过程中工厂现场检查环节的风险进行了深入研究，分别从工厂人员、环境、设备、产品实现过程和工厂质量管理体系等方面分析了存在的风险点。程正文等[24]从行政监管法规的视角，提取了认证机构信息公示风险、认证委托人资质风险、审核组成员资质风险、审核程序完整性风险、审核过程完备性风险等。万靓军等[25]针对无公害农产品认证中的内源性风险进行了研究，认为内源性风险来源于认证管理制度、审查监管行为、组织运行体系三个方面，并分析了每个方面的细分风险点。

2.2.2　认证风险分析与评价研究现状

风险分析是在风险识别的基础上，分析导致风险的原因和风险源、风险事件的后果及其发生的可能性，以及影响后果和可能性的因素，剖析不同风险要素的相互关系等。风险评价则是将风险分析的结果与预先设定的风险准则进行比较，进而确定风险等级的过程[12]。其中，风险分析是整个风险评估活动的核心，用于风险分析的方法可以是定性的，也可以是定量的以及定性定量相结合的。

定性的风险分析方法主要有故障树分析法、事件树分析法、因果分析法、德尔菲法、核对表法、专家调查法、流程图法、情景分析法、类推比较法和经验学习法等。在难以获取精确的定量风险数据时，通常可以利用定性分析方法开展风险分析。代表性成果如：郭宝光等[26]采用故障树分析法确定了有机农作物生产各个环节的认证风险；陈洪根[27]利用故障树分析法实现了从供应链角度建立食品安全评价及监管优化模型，解决了食品安全监管风险综合评价及监管实践中重点环节确定等系统优化问题。

定量的风险分析方法主要有蒙特卡洛模拟、贝叶斯分析、均值-方差模型等。定量方法的运用建立在能够精确获取全面风险数据的基础之上，但通常在进行风险分析时，全面获取有关风险的后果、可能性等数据难度极大。因此，在实践中定量方法通常与定性方法相结合解决风险评估的问题。常用的定性定量相结合的方法有失效模式和效应分析法（FMEA）、AHP、决策树分析法以及由单一方法衍生出的组合分析方法。代表性成果如：全恺等[28]将故障树分析法与贝叶斯网络拓扑图结合，对川气东送管道进行了全方位风险探讨；Ardeshir 等[29]基于模糊FMEA、模糊故障树和 AHP-数据包络分析理论对大规模住宅项目进行了安全风险评估；Ahmadi 等[30]采用 FMEA-TOPSIS 法构建了风险管理的模型，并引入莫巴拉克钢铁公司（伊斯法罕）案例，验证了模型的实用性；郝红岩[31]运用 FMEA 技术评估了认证公正性风险；刘兰凯等[32]运用灰色评价法对云南省有机产品认证质量进行了评价；张领先等[33]运用突变级数法对有机蔬菜认证风险进行了评价；张长鲁等[34]采用组合赋权法对绿色产品认证的关键风险点进行识别，从而进行风险评价。

2.2.3 认证风险应对研究现状

风险应对是在完成风险评估之后，选择并执行相应的措施，使风险处于可接受的水平之内。当前国内外针对认证风险应对方面的研究主要集中在以下两个方面：

一是从政府与认证机构角度，研究监管力量、监管权责等因素是否会导致监管风险[35]。代表性成果如：Haski-Leventhal 等[36]和 Sedlacek 等[37]分析了政府监管机构为什么无法突破“管不胜管，防不胜防”的困局，认为认证企业数目众多、认证实施范围广泛是产生认证失效的主要原因，而政府监管措施单一、监管方式滞后是致使认证风险难以降低的主要原因。刘长玉等[38]通过博弈分析发现政府通过提升惩罚力度、完善监管体系，可以有效提升产品认证可靠性，避免认证机构和企业之间出现欺瞒、包庇等现象。凌六一等[39]、张翼等[40]和宋妍等[41]指出政府适当的补贴对产品认证会产生积极的促进作用，但需对企业和消费者实施合理的补贴政策，单一且不合逻辑的补贴政策会产生消极影响。

二是消费者在绿色产品认证监管中的作用。代表性成果如：Downs 等指出应充分发挥消费者在绿色产品认证过程中的评价作用，弥补风险管控机构监管力量不足的劣势[42]; Kleboth 等实证研究了消费者可为监管部门提供权威可信的评价依据，满足社会对保障绿色产品质量安全的需求[43]；刘双等研究了消费者评价对获证企业监管的作用，认为消费者评价对获证企业产生了一定的威慑作用，可促使获证企业按照认证标准生产高质量的绿色产品，降低了获证后风险[44]。

2.3　产品与服务追溯研究现状

追溯是指通过记录和标识，追踪和溯源客体的历史、应用情况或所处位置的活动。追溯通常包括追踪和溯源。政府部门、专家学者对涉及人们健康和安全的产品及服务开展了一系列的追溯研究工作。

民以食为天，食以安为先。农食领域质量安全和追溯历来是学者们研究的重点领域，针对农食产品的追溯手段也随着信息技术的发展而不断演进。例如，陈松[45]对比分析了国内外农产品质量安全追溯管理模式的优缺点，结合我国农产品质量安全管理的外部发展环境和现实需求，研究设计了农产品质量安全追溯管理模式，并进行了实证应用。叶云[46]分析了传统农产品质量追溯体系存在的问题，构建了农产品追溯信息指标模型，研究了追溯系统多品种动态扩展技术、基于位置服务的追溯精度优化技术及追溯码多方式混合识别技术，并进行了集成示范应用。何秋蓉[47]认为农产品质量安全追溯是一个集管理和技术于一体的综合性系统工程，重点研究了农产品标识、农产品质量检测、农产品质量安全追溯主体征信及农产品质量安全追溯信息平台建设等问题。宋焕[48]针对食品供应链中的信息不对称问题开展研究，分析了食品供应链关键环节追溯信息的共享机理，构建了由政府监管部门、农业生产者和食品加工企业三方参与的博弈模型，分析了不同情境下三方主体的信息共享策略选择。刘晓琳[49]构建了可追溯体系建设的政府支持政策的理论分析框架，进而应用实验拍卖法、真实选择法、离散选择法等进行实证研究，为政府制定政策提供数据支持。

除农食领域外，其他与人们健康安全密切相关的领域，如药品、工程建筑、饲料、种子等领域的溯源也是研究者关注的重点。王娇[50]在分析数据区块模型和药品溯源信息的基础上，构建了基于区块链的药品智能追溯体系，针对药品的生产加工、质量检测、仓储流通、购销使用和追溯监管等过程，阐述其运作流程；从战略目标、业务流程、信息共享、信任机制以及线上线下融合等方面分析了各参与主体的协同运作机制。李桃等[51]分析了工程建设质量管理及追溯中存在的问题，提出了基于区块链技术构建工程建设多参与主体、全过程的质量管理及追溯系统的框架。韩飞等[52]进行了基于物联网的饲料安全可追溯系统的研发，对饲料从原料采购到存储、运输、销售的全过程及生产资料和关键节点进行了详细的记录，综合利用射频识别技术、传感器技术、GPS 技术、温湿度传感器技术进行了各环节数据采集，通过将各个环节信息上传云端数据库，实现了饲料安全生产全流程可追溯。王岳含[53]深入分析了国外质量可追溯系统的先进经验，实证研究了影响我国种子企业和农户参与可追溯系统建设意愿的相关因素，并对可追溯系统进行了系统设计。

以上均是针对产品追溯的研究情况，而当前针对服务进行追溯的研究成果极为少见。认证从本质上看是认证机构提供的一种服务活动。认证溯源需要针对认证业务活动的各环节，采集、存储、共享关键认证信息，并根据不同主体的权限实现认证信息的回溯。针对认证服务的溯源，葛岩[54]详细介绍了低电压电气设备电源适配器（GC）标志认证追溯系统，该系统可以实现对认证证书的颁证机关、证书状态、经济运营者以及产品的有关信息的追溯。

2.4　相关研究总结

通过对以往研究的回顾和梳理，不难发现：

第一，实施绿色产品认证是实现可持续发展的重要手段，世界多个国家和地区均已建立起地区范围乃至全球范围认可的标识体系，我国也已初步建立起国内统一的绿色产品认证标准、标识和规则体系。

第二，以往针对认证风险的研究，包括认证风险识别、认证风险分析与应对，都为绿色产品认证风险管控提供了思路和借鉴。但也应看到绿色产品相较于以往单一绿色属性的研究对象而言，在风险管控上存在复杂性和特殊性，认证过程中的风险要素数量更多、关系更复杂。另外，我国绿色产品认证尚处于起步阶段，没有形成大量的历史资料和数据可供借鉴，这些都给绿色产品认证风险管控增加了难度。

第三，在认证风险评估识别的模型方法方面，当前常用的一些方法如 AHP、熵权法、ANP 等在解决绿色产品认证风险评估问题时存在一定缺陷。例如，AHP 和熵权法在解决此类问题时，认为风险要素之间是彼此孤立的，没有考虑风险要素之间的内在交互影响关系，而实际情形是不同类型的风险要素之间彼此相互影响，构成了一个复杂的风险体系。ANP 虽然考虑了风险要素之间的相互影响，但存在建模时风险要素两两比较的一致性检验问题以及风险点增加导致的建模复杂度提升问题。决策树和贝叶斯分析等方法则主要适用于小数据情境下的风险分析评价，难以应对绿色产品认证在全国范围内推行后大业务量情境下的风险评估决策。

第四，在产品与服务追溯研究方面，当前研究热点主要聚焦在与人们身体健康和安全密切相关的农食、医药等领域，研究方向主要包括各类物联网技术的应用、追溯相关参与方意愿与动机分析以及政府对关键产品追溯激励机制研究等。而针对服务类对象的追溯，特别是认证服务的追溯研究成果极为少见。

可以预见，绿色产品认证工作作为我国进行供给侧结构性改革、实现高质量发展的重要抓手，相关部门必将采用科学先进的手段对其过程的风险予以管控。同时，随着绿色产品认证工作的广泛开展，绿色产品认证大数据必将形成，绿色产品认证风险管控的模型方法必须适应大数据时代风险管控的要求。近年来，以大数据、云计算、区块链为代表的新一代信息技术席卷各个领域，机器学习被广泛关注，以神经网络、深度学习为代表的各类大数据分析方法在理论与实践上得到了快速发展，这为我们解决绿色产品认证风险管控问题提供了新的思路和方法。本研究基于以上分析，初步探索绿色产品认证风险管控的相关理论、模型与方法，以期为我国绿色产品认证工作的推进贡献力量。

第 3 章

绿色产品认证业务分析与风险识别

绿色产品认证风险源于认证业务流程，因此应对绿色产品认证实施规则进行梳理分析，总结提炼认证业务各个环节的管控要素。在此基础上，从人员、技术、管理、信息四个维度探讨绿色产品认证风险形成机理，进而从不同视角探索认证中存在的风险要素。本章主要从认证业务流程视角、利益相关者视角和关键认证要素视角进行风险点识别。

3.1 绿色产品认证业务流程及要求

绿色产品认证是指由依法批准的、具备相应资质的认证机构，依据绿色产品评价标准，按照相应的绿色产品认证实施规则，对产品符合相关技术规范或者标准的状况进行评定的活动。依据国家认证认可监督管理委员会发布的〔2020〕6号文公告，笔者对人造板和木质地板、涂料、家具和纺织产品等 12 项绿色产品认证实施规则进行了梳理，总结得出：绿色产品认证模式为“初始检查+产品抽样检验+获证后监督”；具体流程包括认证申请、初始检查、产品抽样检验、认证结果评价与批准、获证后监督；认证时限自正式受理认证委托之日起至颁发认证证书之日止，一般不超过90天。

3.1.1 认证申请

在认证申请阶段，认证委托人需向认证机构提交的资料包括书面申请书，认证委托人、制造商和生产厂的营业执照，认证委托人、制造商和生产厂的委托关系证明，原始设备生产商/原始设计制造商（OEM/ODM）的知识产权关系证明，产品工艺流程图，生产厂组织机构图，建立并运行质量管理体系、环境管理体系、职业健康安全管理体系的有效证明文件，认证产品关键原材料/零部件备案清单等。

认证机构收到申请文件后要进行认证单元的划分，不同类别产品认证单元划分的依据不同，如家具类产品一般按照主材进行划分，陶瓷砖（板）按照产品分类及吸水率进行划分。通常同一生产企业、同种产品，生产场地不同时，应作为不同的认证单元。在进行认证单元划分的基础上，依据相关评审要求对申请文件进行符合性审核，如申请文件不符合要求，应通知认证委托人补充完善。文件齐全后，在三个工作日内发出受理或不予受理的通知。受理时，认证机构需与认证委托人签订认证协议。

3.1.2 初始检查

在开展初始检查之前，认证机构应为现场检查制订计划。该计划应基于绿色产品评价标准的相关要求，并与检查的目的和范围相适应。认证机构应选派有资质的人员组成检查组。在确定检查组的规模和组成时，应基于认证产品的范围、技术特点、数据和信息系统的复杂程度及检查员具有的专业背景和实践经验等因素确定。初始检查主要包括资料技术评审和现场检查。

（1）资料技术评审

通过对认证委托人提交的申请文件、自评估表及证实性资料进行技术评审，了解和掌握申请认证的产品和企业对国家标准的符合性程度，以及企业工厂保证能力相关管理文件符合绿色产品认证实施规则的程度，确定是否能够进入现场检查，并进一步识别出后续工厂检查的思路和重点。通常而言，一个认证单元的资料技术评审人日数为2人日，每增加1个认证单元，相应增加1个人日。评审的内容主要包括组织机构合法性复核，文件资料的完整性、适用性和有效性审查，工厂保证能力符合性判断。原则上，资料技术评审应在15个工作日内完成，并做出符合要求、基本符合要求、不符合要求的评审结论。

（2）现场检查

在资料技术评审符合要求或基本符合要求的基础上，认证机构开展现场检查。检查内容包括绿色产品认证工厂保证能力检查、产品一致性检查、绿色评价要求符合性验证。其中，产品一致性检查是指认证机构在经企业确认合格的产品中，随机抽取认证产品，检查认证产品与申请文件或证书的一致性，认证产品本体或包装上明示的产品名称、型号、生产厂及相关标识与申请书或证书的一致性，以及认证产品的关键原材料与备案产品关键原材料的一致性。绿色评价要求符合性验证是指按照相关国家标准验证委托认证企业及产品在基本要求、资源属性指标、能源属性指标和环境属性指标方面的符合性情况。原则上现场检查应在30个工作日内完成，并做出现场检查通过、验证纠正措施合格后通过或现场检查不通过的结论。

3.1.3 产品抽样检验

产品抽样检验既可在现场检查前完成，也可与现场检查同时进行。在进行抽样检验之前需确定抽样检验项目、要求及方法，制定抽样检验方案。抽样检验项目、要求及方法应符合相关国家标准的规定。抽样检验实施：抽样检验应由认证机构确定的具备中国计量认证资质的实验室完成。实验室对样品进行检验，应确保检验结论真实、准确，对检验全过程做出完整记录并归档留存，以保证检验过程和结果的记录具有可追溯性。利用其他检验结果：如果认证委托人能就认证单元的产品提供满足规定的检验报告，认证机构可以此检验报告作为该产品抽样检验的结果。

3.1.4 认证结果评价与批准

认证机构对产品抽样检验和初始检查环节所形成的各项工作结论及文件进行检查并进行综合评价。评价通过后，认证机构原则上应在 5 个工作日内向认证委托人颁发绿色产品证书，每一个认证单元颁发一张证书。

3.1.5 获证后监督

原则上，认证机构应在企业获证 6 个月后安排监督检查，每次监督时间间隔不超过 1 年。监督检查人日数应不少于初次检查人日数的 50%。每次监督应覆盖所有生产企业（场所），并覆盖全部有效证书。监督的内容包括：工厂保证能力监督检查、产品一致性监督检查、绿色评价要求持续符合性验证、监督检验、上一次认证不符合项整改措施有效性验证、认证证书和标识使用情况检查、法律法规及其他要求的执行情况检查等。最终做出监督检查通过、验证纠正措施合格后通过、监督检查不通过的结论。

综上所述，绿色产品认证流程及相关要求如图 3-1 所示。

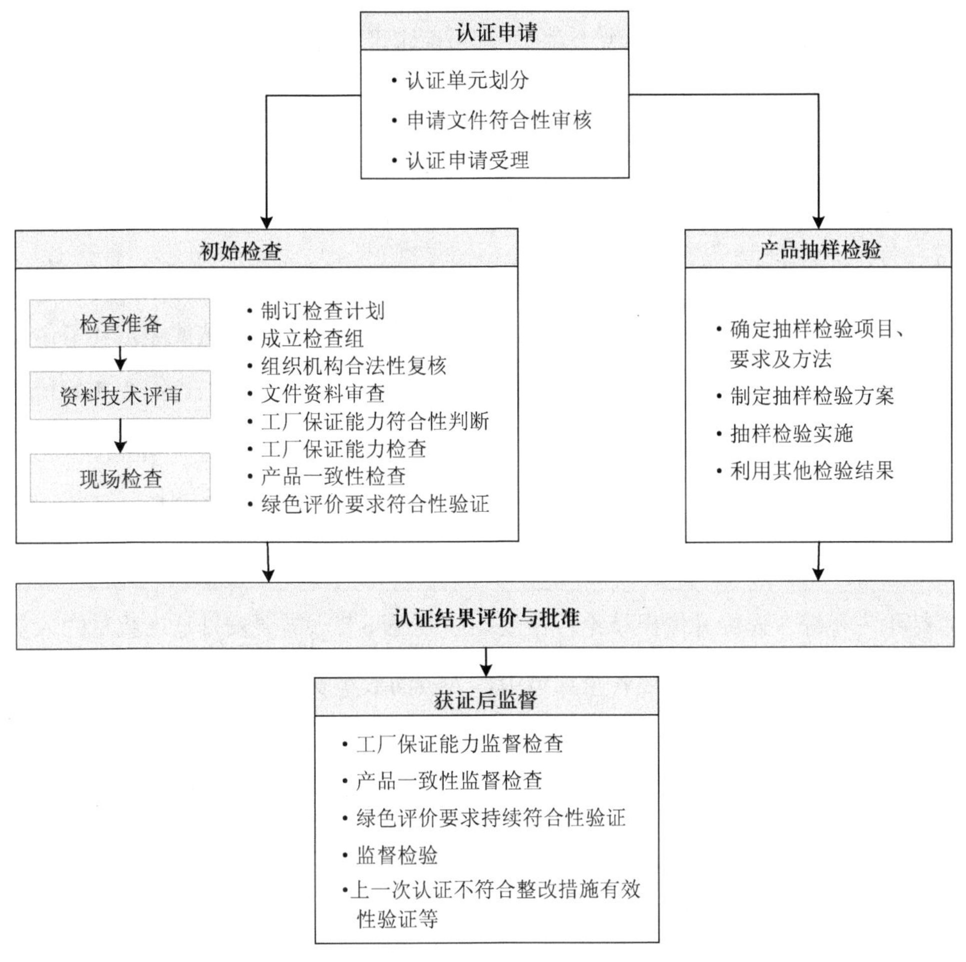

图 3-1　绿色产品认证业务流程示意

3.2　绿色产品认证风险机理分析

《风险管理　术语》（GB/T 23694—2013）中对风险的定义是：风险是不确定性对目标的影响，而不确定性是指对事件及其后果或可能性的信息缺失或了解片面的状态[55]。按照这一定义，绿色产品认证风险是指在认证过程中，各种不确定性的存在对绿色标识证书效力的影响。根据对绿色产品认证流程的分析可知，在整个认证流程中存在诸多事件，若这些事件未按照规范实施，或即使按照规范实施，但对其可能导致的结果了解不全面，则可能带来绿色产品认证标识有效性风险。

绿色产品认证过程中可能造成认证风险的要素通常有四类，即人员因素、技术因素、管理因素和信息因素，这些因素潜在于认证实施过程的各个环节，一旦其中某个或某几个因素出现问题，就会引发认证过程的风险，甚至导致认证失效。

（1）人员因素

在认证实施过程中，人员因素分布于认证的各个环节，在认证申请环节，需要审核人员对委托人提交的申请文件进行符合性审核，并做出结论；在初始检查环节，需要相应人员制订检查计划、组建检查组、进行资料技术评审和现场检查，并做出结论；在产品抽样检验环节，需要相应人员进行样品抽样及样品检验，并做出结论；在认证结果评价与批准环节，需要相应人员对产品抽样检验、初始检查结论进行综合评价并做出结论；在获证后监督环节，需要安排适当数量的人员开展监督检验活动。在上述各个环节中，人员的数量安排与构成、人员的专业能力与职业素养都是可能诱发风险的因素。

（2）技术因素

在认证实施过程中，涉及对产品资源、能源、环境、品质四个维度多项指标的测定。技术指标检测环节较多、数量大，部分技术指标的检测需通过人的感官进行判断，部分技术指标的检测需要通过仪器设备进行测定。由人的感官判定的指标其检测精度可能会受到检测人员经验、能力和态度的影响，这些都可能诱发风险；由仪器设备测定的指标则受测量仪器、操作人员的影响。通常对需要采用仪器设备检测的指标，认证机构会委托给具备中国计量认证资质的实验室开展。检测过程中选定的实验室是否具备相应资质、设备是否符合检验要求、检验操作是否规范、指标覆盖是否全面等都是认证实施过程中潜在的技术风险。

（3）管理因素

在认证实施过程中，管理因素是保障认证实施过程规范化进行的基础。管理因素包括对人员、制度、机制的部署。具体来说，包括认证机构是否建立了规范的认证实施人员的选拔、考评和约束机制，是否进行了必要的信息公开，是否建立了确保认证公正性的组织机构，是否建立了各种规范性管理文件等。目前，我国绿色产品认证尚处于起步探索阶段，各方面的管理制度有待进一步完善，因此管理因素是保证认证实施过程有效性的关键因素。

（4）信息因素

在认证实施过程中，涉及的信息资料繁多，既包括企业提交的相关资料，又包括认证过程中形成的各种检查资料文档，以及获证后监督阶段收集到的各类文档资料。这些资料信息的及时、全面、有效传递和准确辨识对认证有效性起着决定性作用。若认证机构的信息化程度较低，则无法保证各类资料信息的及时、全面获取，以及高效智能处理，将会导致在认证决定阶段的误判，从而引发认证风险。

上述四个方面引发的风险因素交织在绿色产品认证过程的各个环节，它们之间相互影响，最终导致认证实施过程风险，并导致绿色标识的有效性受损。综上所述，绿色产品认证风险形成机理如图 3-2 所示。

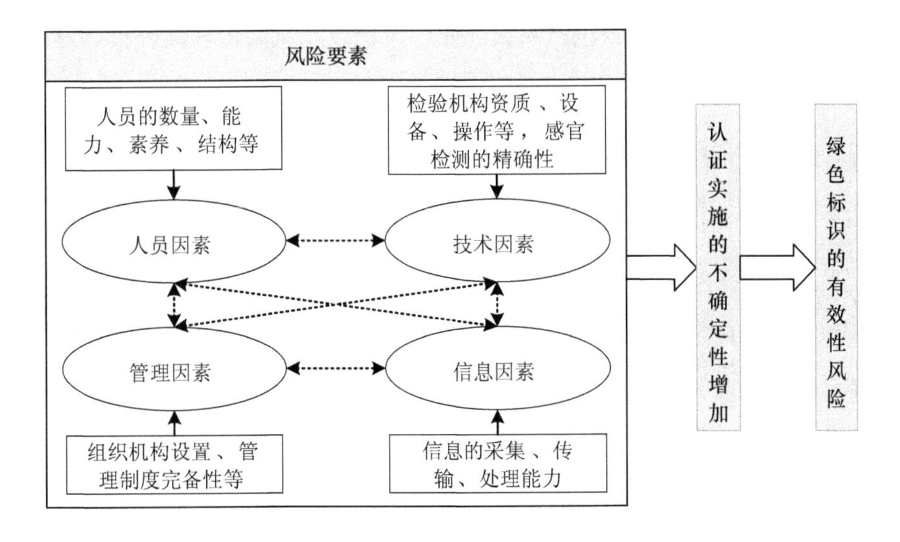

图 3-2　绿色产品认证风险机理示意

3.3 绿色产品认证风险识别

常用的风险识别方法有很多，包括头脑风暴法、德尔菲法、事故树法、风险核对表法、流程分析法等。本研究结合绿色产品认证风险特征，从认证业务流程视角、利益相关者视角、关键认证要素视角开展认证风险识别。

3.3.1 基于认证业务流程视角的风险识别

基于认证业务流程视角的风险识别是对认证业务流程中的每一阶段、每一环节逐一进行调查分析，从中发现潜在风险，找出可能导致风险发生的因素，进而分析风险产生后可能造成损失的一种方法。该方法适用于对业务流程复杂、风险点多的情形进行风险分析[56]。通常而言，绿色产品认证采用“初始检查+产品抽样检验+获证后监督”的认证模式，相较于以往的低碳、有机、节能、节水等“涉绿”认证，其认证过程复杂、检测指标多、周期长，适合采用基于流程分析的风险辨识方法。结合前文对绿色产品认证业务流程以及风险机理的分析，对绿色产品认证风险点识别如下。

（1）认证申请环节风险识别

在认证申请环节，委托企业应填写认证申请书、提交必要的申请文件。认证申请环节的风险主要表现为认证机构能否根据委托企业提交的文件，合理进行认证单元划分并做出受理与否的决定，该风险与认证机构是否有充分的专业技术准备和必要的认证经验有直接关系。其中，专业技术准备方面可通过认证机构是否具有专业的技术指导文件，以及该文件与认证需求的匹配度来反映；认证经验方面则可以通过认证机构上一年度完成同类认证项目的次数来衡量。

（2）资料技术评审环节风险识别

资料技术评审主要是指认证机构通过对认证委托企业提交的申请文件、自评估表及证实性资料的技术评审，了解和掌握委托认证企业和产品对绿色产品国家标准的符合性程度，了解工厂保证能力相关文件符合绿色产品认证规则的程度，确定是否能够进入现场检查环节，并进一步确定后续工厂现场检查的思路和重点。

该环节的风险主要表现为：①认证机构是否配备必要的、足够的认证资源进行文件评审，该风险点可通过实际资料技术评审人日数与认证规则要求的评审人日数进行比较得出结论；②认证机构配置的资料技术评审人员是否具备相应的认证能力，该风险点可根据评审人员参与类似项目的次数予以评价。

（3）现场检查环节风险识别

现场检查主要是指认证机构在资料技术评审符合要求或基本符合要求的基础上，对委托企业的绿色产品工厂保证能力、产品一致性和绿色指标符合性进行检查。

该环节的主要风险表现为：①认证机构是否安排了充足的检查资源进行现场检查，该风险点可以通过检查人日数予以衡量；②现场检查人员中兼职人员占比是否过大，该风险点可以通过兼职检查人员占比予以衡量；③现场检查是否覆盖了工厂保证能力的所有项目，该风险点可以通过实际检查项目数量与认证规则要求的检查项目数量相比较予以衡量；④一致性检查是否覆盖了所有产品、项目，该风险点可以通过被检查产品、项目数量予以衡量；⑤现场检查是否覆盖了所有“涉绿”指标，该风险点可以通过被检查“涉绿”指标与认证规则要求的检查指标对比予以衡量。

（4）产品抽样检验环节风险识别

抽样检验是指认证机构受理认证申请并确定检验方案后所进行的样品分析。

抽样检验可以由认证机构委托的实验室检测机构来完成，也可以利用委托企业提交的其他检验结果。

该环节的主要风险表现在抽样检验方案的科学性及实施的严格性上。具体表现为：①认证机构是否对认证单元的每一产品系列均进行抽样检验，该风险点可以通过实际抽检的系列数予以衡量；②产品抽样数量是否符合国家标准，该风险点可以通过实际抽样数量与国标要求的数量进行对比予以衡量；③分包检验检测机构风险，该风险点可以通过资质认定部门对检验检测机构的类别划分予以衡量；④抽样检查项目是否覆盖国家标准要求的所有项目，该风险点可以通过抽样检测项目数予以衡量。

（5）获证后监督环节风险识别

获证后监督是指委托企业通过认证机构评价获得绿色标识后，为确保绿色标识的持续有效性，由认证机构在特定时间内开展的跟踪评价。

该环节的主要风险表现为：①认证机构是否与获证企业保持沟通，以确保及时获取获证企业的有关重大信息，该风险点可以通过认证机构与获证企业的沟通频度予以测度；②认证机构是否配备必要的监督检查资源，该风险点可以通过将实际监督检查人日数与认证规则要求的监督检查人日数进行比较予以衡量；③跟踪检查内容是否符合要求，该风险点可以通过将跟踪检查项目与认证规则的要求项目进行对比予以分析。

综上所述，基于认证业务流程视角的绿色产品认证风险点汇总如表 3-1 所示。

表 3-1 基于认证业务流程视角的绿色产品认证风险点汇总

环节	风险点
认证申请	①专业技术准备是否充分 ②认证经验是否必要
资料技术评审	①认证机构是否配备必要的认证资源 ②配置的人力资源是否具备相应的认证能力

环节	风险点
现场检查	①是否安排了充足的现场检查资源 ②检查人员中兼职人员占比是否过大 ③是否覆盖了工厂保证能力的所有项目 ④一致性检查是否覆盖了所有产品、项目 ⑤是否覆盖了所有“涉绿”指标
产品抽样检验	①是否对认证单元的每一产品系列均进行检验 ②抽样数量是否符合国家标准 ③分包检验检测机构等级风险 ④检查项目是否覆盖国家标准要求的所有项目
获证后监督	①是否与获证企业保持适当频度的沟通 ②是否配备必要的监督检查资源 ③跟踪检查内容是否符合要求

3.3.2　基于利益相关者视角的风险识别

利益相关者理论于 20 世纪 60 年代由斯坦福研究院的学者首次提出并给出定义，该理论认为任何一家公司的发展都离不开各种利益相关者的投入和参与，如股东、债权人、雇员、消费者和供应商等，企业不仅要为股东利益服务，还要保护其他利益相关者的利益。1984 年，弗里曼提出了至今仍广泛应用的利益相关者经典定义，即“企业利益相关者是指那些能影响企业目标的实现或被企业目标的实现所影响的个人或群体”。按照弗里曼的定义，企业所在的社区、政府部门、环境保护主义者等实体均应纳入利益相关者行列[57]。

根据利益相关者理论，围绕认证业务的核心利益相关者，本研究对认证机构、委托企业、检验检测机构三类主体进行风险归纳与分类，探索影响绿色产品认证的风险因素。

（1）认证机构风险因素

认证机构是绿色产品认证的实施主体，在认证过程中负有重要责任，认证机构是认证风险的主要来源之一。与认证机构有关的风险包括认证准入风险、认证行为风险、获证后监督风险和绿色产品标识管理风险。具体分析如下：

1）认证准入风险。根据国家有关文件要求，申请从事绿色产品认证的机构应当依法设立，符合《中华人民共和国认证认可条例》《认证机构管理办法》规定的基本条件，并具备从事绿色产品认证的技术能力。具备上述资质条件的认证机构，可按照绿色产品认证第一批目录范围向国家认证认可监督管理委员会提出申请，经批准后方可依据相关认证实施规则开展绿色产品认证活动。认可评审信息是认证机构体现出来的稳定可靠的信息，主要用来评价认证机构的可信度，评价标准包括认可规则、认可指南、其他相关规范性文件、中国合格评定国家认可委员会针对特殊行业制定的特定要求等文件。绿色产品认证机构作为确保认证质量的主要承担者，其认可准入应具有严谨的规章制度、公正的认可程序、有效的认可模式。在绿色产品认证实施过程中，通过建立有效的认证机构准入机制，能有效降低认证机构准入带来的认证失效风险。

2）认证行为风险。具有相应资质的认证机构在对绿色产品进行认证时，主要涉及适用产品范围、认证模式和获证条件、认证的申请与受理、认证的初始检查、样品的抽样检测、认证的费用等核心问题。结合实际情况，本研究主要从组织实施、现场检查、抽样检测等方面考虑认证行为风险。

认证机构在组织实施前，应进行专门的人员培训和技术培训，使参与认证的人员对待认证的产品以及认证流程有充分的理解，确保认证的一致性。在实施过程中，根据认证实施规则的要求，制定详细的认证方案，配置专业的技术人员，对委托认证企业提交的申请书进行严格审核，确保文件与实际生产、加工情况的一致性。认证实施后要求认证机构在规定的时效内向委托方通报认证检查的结果，指出检查中存在的问题。

在对符合规定的委托企业进行现场检查时，由于现场检查方案不严谨，造成检查内容、检查活动的遗漏，对关键过程没有检验；发现委托认证的产品与实际生产的产品不一致时未做相关处理；现场评审过程中检查人员受利益驱使弄虚作假等影响公正性的行为，都会对现场检查的结论产生影响。

对于抽样检测，抽样方案、检查方式、利益相关者关系、相关文档填写的完整与真实性，都会不同程度地影响样品检测的有效性，进而影响认证有效性。

3）获证后监督风险。委托企业在获得绿色产品证书六个月后，认证机构即可安排监督检查。每次监督的时间间隔不超过一年，确保企业为市场提供的产品与绿色标识所约定的产品相符。这一阶段主要涉及监督检查人员安排、监督检查频次、监督检查方式以及监督检查时效性等问题。若监督检查人员与企业之间存在利益关系，则可能会导致监督检查流于形式；若监督检查时所要求准备的文件以及记录都由监督检查对象自行提供，则可能存在弄虚作假的情况；若认证机构无法完全掌握企业的生产能力和管理水平，则会造成监督检查频次、监督检查方式不当；若认证机构选派的人员数目无法达到认证实施规则的要求，以及选派的人员不具备检查资质和能力，则会造成获证后监督风险的发生。对于监督检查中发现的一系列需整改的问题，若未能及时进行公布整改，则会造成督查不及时，进而对绿色产品证书的有效性产生消极影响。

4）绿色产品标识管理风险。绿色产品标识覆盖了认证委托人、制造商及生产厂名称和地址、适用产品类型范围等信息，企业在通过认证并取得认证证书后，可在获准认证的产品上使用中国绿色产品标识。必须按照相关要求对标识进行管理，包括标识使用范围、使用期限、使用档案的管理等。在绿色产品标识使用过程中，由于获证企业缺乏自律意识，超范围使用、滥用以及超时限使用标识的现象时有发生，造成绿色产品标识失效的风险。对于发生变更的企业，如果未能及时提出变更申请而继续使用绿色产品标识，会造成绿色产品标识与实际产品不一致。认证档案保管不善导致的档案丢失损毁、交接记录不全、无法追溯、档案的保密管理不善等，也会不同程度地影响认证的有效性。

（2）委托企业风险因素

委托企业作为产品质量和绿色符合度的第一责任人，是认证风险的主要来源之一。政府部门、认证机构、市场只是对其生产条件和环境体系进行辅助督促检查，要使企业生产符合标准、高质量、绿色化的产品，还需企业内部的自律。具体包括以下 4 个方面：产业链风险、标准技术风险、生产企业自检风险和产品一致性风险。

1）产业链风险。产业链覆盖了绿色产品生产的上下游关系和相互价值交换，由于产业链条错综复杂，其造成的风险更加隐秘。绿色产品认证涉及绿色产品生产环境、原料供应、生产制造的整个产业链条。结合实际情况，绿色产品产业链主要包括生产环境的绿色化、所需生产资料的绿色化、生产制造过程的绿色化以及产品储存保管的绿色化[58]。生产环境的绿色化，就是针对生产的绿色产品，保证其生产的环境符合绿色理念。所需生产资料是产品开展生产的基础条件，只有确保关键生产资料符合绿色规定，才会生产出绿色产品。生产制造过程的绿色化要求企业关注绿色产品的生产、包装和服务全过程，生产加工过程的不良控制会严重影响产品品质，所以应严格按照程序和工作指南进行生产，确保每个加工环节都符合绿色产品的要求。产品储存保管是影响产品品质的重要环节，它是产品绿色度持续保持的关键，无论是所需原材料还是产品成品的保管，都应确保操作人员按照相关规定将其存放在指定环境中。

2）标准技术风险。在绿色产品认证中，企业对认证标准及认证实施规则的理解程度也是导致认证风险的重要方面。具体来说，主要包括委托企业对相关标准的理解、实验室对相关标准的理解、标准技术操作规范性三个方面。任何产品的生产都具有一定的标准体系，不同的生产企业和实验室对标准体系的理解往往存在差异，如果没有相关的员工培训，或者对相关认证规范掌握得不及时、不充分，都会导致产品质量评判与相关标准存在较大偏差，进而影响企业对绿色产品认证标准的执行，给认证有效性带来一定的风险。

3）生产企业自检风险。自检所需费用成本与生产企业经济利益之间的博弈，使得生产企业在认证过程中缺乏自我检查的意愿，最终导致绿色产品标识失效的发生。某些生产企业考虑成本控制的问题，未对工厂技术人员进行严格的系统性培训，甚至直接让车间的工人滥竽充数，大大降低了产品品质控制的有效性。技术水平低、人员流动性大、设备未定期检定，已经成为认证失效的常见风险因素。

4）产品一致性风险。绿色产品认证与其他产品认证的最大区别是产品“绿色度”，生产企业不仅要保证产品质量，还要注重产品在资源、能源、环境等方面的属性。产品一致性要求被认证的产品与实际生产的产品相一致、抽样检测的产品与申请的产品相一致、初始检查时的产品与认证产品相一致。现实生产作业过程中，委托企业受逐利动机的驱使，降低或减少对绿色产品某些指标的控制标准，出现偷梁换柱的现象，是导致认证失效的风险之一。

（3）检验检测机构风险因素

根据绿色产品认证实施规则，对产品的抽样检验一般由认证机构委托具备中国计量认证资质的实验室完成。检验检测机构相关的风险主要包括检验检测准入条件风险、行为规范风险和机构监督风险三个方面。

1）检验检测准入条件风险。准入条件是从事绿色产品认证活动的检验检测机构应当具有的必备条件，只有满足这些条件，才能承接绿色产品认证过程中的检验检测活动。具体来说包括人员、设备、程序上符合基本的准入条件，从事绿色产品认证的检验检测机构除应满足资质审批的相关规定外，还应考虑专业技术背景。

2）检验检测行为规范风险。检验检测机构行为规范风险主要包括待检企业与检验检测机构的利害关系以及检验检测机构自身规范度两个方面。一方面，若检验检测机构与委托企业之间存在利益关系，则可能导致检验检测人员不满足独立性要求；若检验检测机构收受委托企业的利益输送，出具片面报告甚至虚假报告，则会影响检测结果的有效性。另一方面，由于认证过程中的检验检测一般由第三方实验室完成，可能会出现第三方检测实验室对绿色产品标准理解不到位、对产品领域认识不充分、对认证范围界定不准确、未做好员工培训和设备自检，以及第三方检测实验室检测范围与待检产品不匹配等问题，这些问题都会导致绿色产品的认证失效。

3）检验检测机构监督风险。检验检测机构监督包括自律性监督和外部约束监督。自律性监督主要是指行业自律性的约束；外部约束包括国家相关法律和市场监督。从行业自律性监督角度来看，检验检测机构的技术水平、人员资质、服务水平以及行业管理都影响着认证实施的规范性，如果不能加强行业自律性，违规行为、投诉现象就会增多，绿色产品认证的有效性就会受到影响。从国家法律法规角度来看，关于检测机构和实验室，国家虽出台了相关政策、法律法规来约束其行为规范，具有实施的强制性，但缺乏领域的全覆盖性。国家在制定政策时，考虑的往往是一些共性的约束，对具体执行中的事宜约束考虑不足。从市场约束角度来看，绿色产品市场消费者、相关行业协会和一些生产企业竞争者作为利益相关者，对违规行为会进行投诉与反馈，弥补了政府法律约束的局限，使检验检测机构受监督的角度更加全面，但这种约束具有较强的不确定性，某些检验检测机构可能利用不正当手段进行市场监督的规避，从而导致检验检测风险的产生。

综上所述，基于利益相关者视角的绿色产品认证风险点汇总如表 3-2 所示。

表 3-2　基于利益相关者视角的绿色产品认证风险点汇总

利益主体	风险类别	风险因素
认证机构	认证准入风险	认可评审信息
	认证行为风险	组织实施、现场检查、抽样检测
	获证后监督风险	监督检查频次、监督检查时效性、监督检查人日数、监督检查方式
	绿色产品标识管理风险	标识使用期限、标识使用范畴、企业变更等

利益主体	风险类别	风险因素
委托企业	产业链风险	生产环境、所需生产资料、生产制造过程、产品储存保管
	标准技术风险	委托企业对相关标准的理解、实验室对相关标准的理解、标准技术操作规范性
	生产企业自检风险	生产企业自检率、人员资格要求
	产品一致性风险	产品“绿色度”符合性
检验检测机构	检验检测准入条件风险	机构制度管理、设备完整度、员工培训
	检验检测行为规范风险	产品与检测范围匹配情况、检测技术理解与操作、实验室自检率、利害关系
	检验检测机构监督风险	行业自律性监督、国家行政法律监督、市场行为监督

3.3.3　基于关键认证要素视角的风险识别

结合绿色产品认证风险管控的现实需求，将基于认证业务流程视角的风险识别与基于利益相关者视角的风险识别进行综合，从关键认证要素的视角，即从认证机构、委托企业、认证业务和认证实施四个维度进行风险识别。

（1）认证机构相关风险

认证机构是绿色产品认证的实施主体。第一，一家从事认证业务多年的认证机构熟悉认证业务流程以及认证过程中应重点关注的关键环节，从而能够有效规避潜在的风险。因此从业风险是认证风险源之一，从业风险可以从认证机构的从业年限进行考量。第二，认证机构是否开展过类似的认证业务以及相关认证业务量的多少，决定了认证机构是否具备丰富的认证经验，进而影响能否规避认证过程中的潜在风险。因此经验风险是认证机构风险源之一，经验风险可以从认证机构近年开展相同或相近领域的认证业务数量进行衡量。第三，认证机构的实力风险是与认证机构的经营规模相关的风险，一般认为实力较强的认证机构在行业声誉、认证资源等各个方面要优于实力较弱的认证机构。第四，认证机构的公正性风险主要考查认证机构在认证过程中能否保持公正性，该风险可以从认证机构是否建立了保证公正性的组织结构、是否与委托企业存在利益关系等角度予以考查。

第五，认证机构的管理风险是指由于认证机构管理不到位而引发的风险，具体可以从认证机构的认证制度、规则的制定和完善情况以及认证人员的选拔、培训进行考查。

（2）委托企业相关风险

委托企业是绿色产品的责任主体，特别是在认证实施规则允许利用其他检验结果及委托企业自证声明的情形下，委托企业自身特性可能会在一定程度上影响认证风险。

首先，企业按所有制性质划分为国有企业、集体企业、私营企业、外商投资企业等，企业所有制性质不同对认证风险有一定影响。一般来说，国有企业或集体企业更加注重社会责任承担，该类企业领导一般具有行政职务，更关注社会声誉，因此在申请绿色产品认证时所提交的各类资料信息可信度相对较高。其次，委托企业经营规模的大小会对认证业务风险产生影响。一般认为委托企业经营规模越大，其对产品质量的认识越深刻，对企业长远发展的思考越透彻，会做好长短期目标的平衡。再次，委托企业技术、管理满足度可能会影响认证风险。委托企业技术、管理满足度主要从其建立并运行质量管理体系、能源管理体系、环境管理体系、职业健康安全管理体系的情况，以及委托企业在生产制造过程中所采用的工艺技术先进程度和节能环保等方面的满足情况来考查。上述情况满足度高的委托企业能够确保产品生产过程稳定、可靠，降低产品认证中的潜在风险。最后，企业社会信用风险可能会影响认证风险。社会信用风险可以从企业被用户或消费者投诉次数，与企业有关的负面新闻报道等方面进行考查。

（3）认证业务相关风险

认证业务本身特性也会在一定程度上影响认证风险的高低。首先，待认证业务“涉绿”指标的数量会影响认证风险，认证指标数量越多，在相同的认证资源配置下，对单项指标的检验检测精细度越低，而认证指标数量越少，对每项指标的检验检测精细度则越高。其次，待认证业务中“涉绿”指标的检验检测难度会影响认证风险。待检查的指标是通过检查人员感官判断还是通过仪器仪表进行客观测量，通过感官判断的指标是否容易进行感官辨识，通过仪器仪表测量的指标测量难易程度如何，待检查指标对检查环境的敏感度如何，上述因素均会影响认证风险。最后，待认证业务的多场所属性会影响认证风险。所谓多场所属性，是指待认证的业务在两个或两个以上的场所进行，在对该类业务进行认证时，由于受到物理距离的影响，在认证资源配置、认证时长等方面都要有所调整，否则会产生相应的认证风险。

（4）认证实施相关风险

认证实施过程中的资源配备、检查覆盖度、受委托实验室资质、双方沟通等方面也会影响认证风险的高低。

第一，在初始检查、抽样检查、监督检查等环节都需要配备适当数量的人力资源开展相应的业务活动，若在认证实施中配备的人力资源与认证实施规则不符，则可能导致相应的认证风险。第二，在初始检查、抽样检查、监督检查等环节配备的人员需具备相应的专业能力与职业素养。认证人员专业能力是否与待认证业务的领域相匹配，认证人员是否具有较高的道德水准和职业素养都会影响认证风险。第三，对待评审产品、项目、“涉绿”指标检查的覆盖程度会影响认证风险。例如，《绿色产品认证实施规则　纺织产品》明确要求“现场检查应覆盖申请认证的所有产品和生产场所，工厂保证能力检查应覆盖所有认证单元涉及的生产场所，获证后监督时每次监督应覆盖所有生产企业（场所），并覆盖全部有效证书”。若在认证过程中覆盖程度达不到规则的要求，则会产生相应的认证风险。第四，产品抽样检验的规范化程度会影响认证风险。具体包括抽样检验项目、要求及方法是否符合相关国家标准的规定，抽样检验方案中抽样方式、数量是否科学合理等。第五，分包检测机构是否具备相应资质也会影响认证风险。具体包括认证机构委托的检测机构是否具备相应资质，以及在利用委托单位其他检验结果时，检测机构是否具有相应资质。第六，与委托企业的沟通频度也会影响认证风险，及时、充分、完整、准确的信息是认证可靠的保障，这就要求认证机构与委托企业无论在认证环节还是在获证后监督环节都要进行必要频度和深度的沟通，否则可能会由于缺乏必要信息而出现认证风险。

综上所述，基于关键认证要素视角的风险点汇总如表 3-3 所示。

表 3-3　基于关键认证要素视角的风险点汇总

类别	细分风险	风险考查点
认证机构	从业年限	认证机构的从业年限
	认证经验	近三年开展相同或相近领域认证业务的数量
	机构实力	认证机构经营规模
	公正性	①是否建立保证公正性的组织结构；②是否与委托企业存在利益关系
	管理规范度	①认证制度、规则的制定和完善情况；②认证人员的选拔、培训
委托企业	企业所有制性质	国有企业、集体企业、私营企业、外商投资企业等
	企业经营规模	企业从业人员、营业额、利润额等指标
	企业技术、管理满足度	委托企业管理体系健全度、工艺技术先进度、节能环保满足度等方面
	社会信用	委托企业被用户或消费者投诉次数、负面新闻等方面
认证业务	“涉绿”指标数量	待认证产品“涉绿”指标类型、数量
	“涉绿”指标检测难度	待认证产品“涉绿”指标检测的客观性、难易程度
	业务多场所属性	待认证产品生产过程的多场所属性
认证实施	人员数量配备	初始检查、抽样检查、监督检查等环节配备的人力资源情况
	人员专业能力与职业素养	初始检查、抽样检查、监督检查等环节配备人员的专业能力与职业素养
	“涉绿”指标检查覆盖度	对待评审产品、项目、“涉绿”指标检查的覆盖程度
	抽样规范化程度	抽样检验项目、要求及方法是否符合国家相关标准的规定，抽样方式、数量是否科学合理
	分包检测机构资质	检测机构是否具备相应资质；在利用委托单位其他检验结果时，检测机构是否具有相应资质
	与企业沟通频度	与获证企业保持必要频度和深度的沟通

3.4　本章小结

本章首先依托国家认证认可监督管理委员会发布的 12 项绿色产品认证实施规则，对绿色产品认证业务流程进行系统梳理，特别对认证过程中每个环节的重点管控要求进行分析，为认证风险分析奠定基础。其次，从人员、技术、管理和信息四个维度分析了各维度可能导致绿色产品认证失效的风险要素，以及各风险要素最终导致绿色产品认证失效的机理。最后，从认证业务流程、利益相关者以及关键认证要素的视角进行风险点识别，构建了绿色产品认证风险点体系，为绿色产品认证风险管控提供了初步的风险体系框架；三种风险识别视角是平行关系，在实际应用中可以由使用者自行确定研究视角。本章构建的风险点体系仅为参考框架，针对不同领域的绿色产品认证风险管控问题，可以根据实际需要进行风险点的补充和精简。

第4章

绿色产品认证关键风险点分析

绿色产品认证关键风险点分析是在所有风险点中找出关键风险要素，以便在风险管控中予以重点关注。本章在第 3 章的基础上，综合考虑绿色产品认证风险特征，探索运用组合赋权模型、ISM-ANP 模型和 DEMATEL-ANP 模型进行关键风险点分析，并结合分析结果提出相应的对策建议。

4.1　基于组合赋权模型的绿色产品认证关键风险点分析

对关键风险点的识别可以由传统的专家打分法确认，但专家打分法仅依靠专家经验，主观性较强，且根据专家打分法确定的风险点权重不会随客观情况的变化而变化，属于静态赋权。熵权法是一种纯客观赋权的方法，根据风险点数据的变异程度来确定关键风险点，某风险点变异程度越大，说明该风险点变化波动越大，需重点关注。该方法能够根据客观情况动态调整风险点权重，识别不同情形下的关键风险点，但该方法没有考虑专家的领域经验。因此，本研究将上述两类方法进行整合，构建一种 AHP-熵权法组合赋权模型，确定各风险点权重以识别关键风险点。本部分研究以“3.3.1 基于认证业务流程视角的风险识别”为基础。

4.1.1 基于组合赋权的关键风险点识别模型构建

“3.3.1 基于认证业务流程视角的风险识别”将绿色产品认证风险划分为五大类 16 个风险点，各类风险点对最终认证有效性的影响各不相同，这一部分将运用 AHP 计算各风险点的主观权重，运用熵权法确定各风险点的客观权重，进而基于组合赋权模型探索 16 个风险点中的关键风险要素。

（1）基于 AHP 的风险点权重计算

首先，构建绿色产品认证关键风险点识别层次结构模型（图 4-1）。该模型由目标层、准则层和指标层构成，其中目标层即绿色产品认证关键风险点识别，准则层为绿色产品认证的 5 个关键环节，指标层为绿色产品认证各环节中的风险指标。

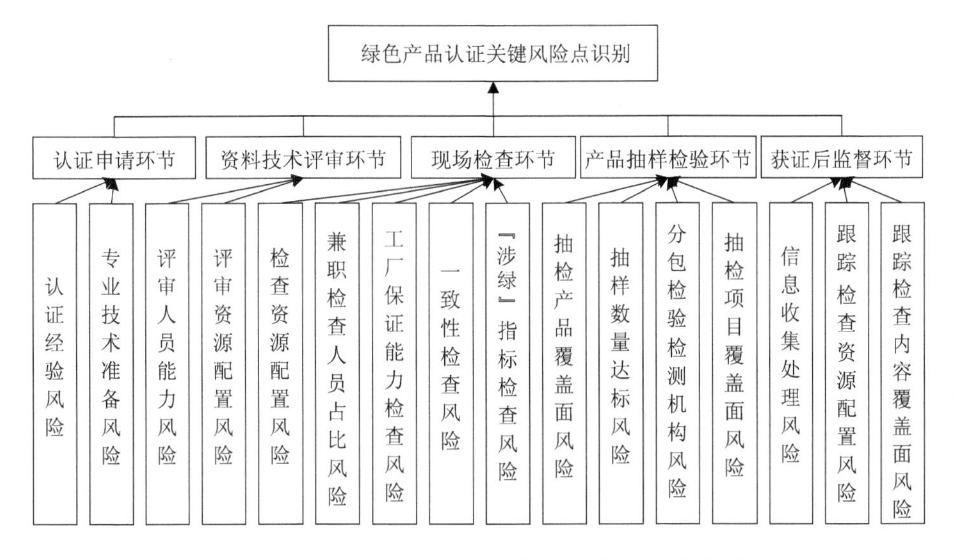

图 4-1 绿色产品认证关键风险点识别层次结构模型

其次，运用 1～9 标度法进行风险指标两两比较，构造判断矩阵，确定各风险点对认证有效性的影响。在两两比较过程中，风险点对认证有效性影响程度越高，其评分越高。具体取值含义如表 4-1 所示。

表 4-1　层次分析法 1～9 标度法含义

标度	含义	标度	含义
1	L_i、L_j两元素同样重要		
3	L_i元素比L_j元素稍微重要	1/3	L_i元素比L_j元素稍微次要
5	L_i元素比L_j元素比较重要	1/5	L_i元素比L_j元素比较次要
7	L_i元素比L_j元素十分重要	1/7	L_i元素比L_j元素十分次要
9	L_i元素比L_j元素绝对重要	1/9	L_i元素比L_j元素绝对次要
2、4、6、8	相邻判断的中间情况	1/2、1/4、1/6、1/8	相邻判断的中间情况

通过选取领域专家，按照 AHP 打分规则构造准则层判断矩阵，并对判断矩阵进行一致性检验。一致性检验通过后采用特征向量法计算准则层中认证申请环节风险、资料技术评审环节风险、现场检查环节风险、产品抽样检验环节风险和获证后监督环节风险的权重，权重向量记作$\boldsymbol{\gamma}$，如式（4.1）所示：

$$\boldsymbol{\gamma}=(\gamma_1,\gamma_2,\cdots,\gamma_5)^{\mathrm{T}} \tag{4.1}$$

同理，对 5 个准则下的子准则（风险指标）按照打分规则构造指标层判断矩阵，并采用特征向量法分别计算 5 个准则下各风险点的权重，权重向量记作$\boldsymbol{\varsigma}_l$，如式（4.2）所示：

$$\boldsymbol{\varsigma}_l=(\varsigma_{l,1},\varsigma_{l,2},\cdots,\varsigma_{l,p_l})^{\mathrm{T}} \tag{4.2}$$

式中，$l=1$，2，3，4，5；p_l表示第l个准则下风险指标的个数。

各风险点在绿色产品认证关键风险点识别中的主观权重（$\boldsymbol{\psi}$）计算如式（4.3）所示：

$$\boldsymbol{\psi}=\boldsymbol{\gamma}\otimes\boldsymbol{\varsigma}_l=(\psi_1,\psi_2,\cdots,\psi_n)^{\mathrm{T}} \tag{4.3}$$

（2）基于熵权法的风险点权重计算

假定运用图 4-1 确定的风险指标对m项绿色产品认证工作进行风险分析，其中，各风险点采用 0～3 四级测度法进行分级，0 代表无风险，1 代表低度风险，2 代表中度风险，3 代表高度风险，形成原始风险数据矩阵$\boldsymbol{R}$，如式（4.4）所示：

$$
\boldsymbol{R}=\begin{bmatrix} r_{11} & r_{12} & \cdots & r_{1j} & \cdots & r_{1n} \\ r_{21} & r_{22} & \cdots & r_{2j} & \cdots & r_{2n} \\ \vdots & \vdots & \ddots & \vdots & \ddots & \vdots \\ r_{i1} & r_{i2} & \cdots & r_{ij} & \cdots & r_{in} \\ \vdots & \vdots & \ddots & \vdots & \ddots & \vdots \\ r_{m1} & r_{m2} & \cdots & r_{mj} & \cdots & r_{mn} \end{bmatrix} \tag{4.4}
$$

式中，r_{ij} 表示第 j 项风险点在第 i 项绿色产品认证业务中的风险评价得分，各风险点（$R1$～$R16$）的度量参考标准见表 4-2。表 4-2 中风险等级对应的度量值范围是通用参考值，在各具体领域的绿色产品认证实施中可根据具体情形予以调整。

表 4-2　绿色产品认证风险点度量参考标准

认证环节	风险点	风险度量	等级
认证申请环节（$B1$）	认证经验风险（$R1$）	近一年已完成同类认证项目 10 次以上	0
		近一年已完成同类认证项目 6～10 次	1
		近一年已完成同类认证项目 1～5 次	2
		近一年尚未开展过同类认证项目	3
	专业技术准备风险（$R2$）	具有专业的作业指导文件，与认证项目需要完全一致	0
		具有专业的作业指导文件，与认证项目需要基本一致	1
		具有专业的作业指导文件，与认证项目需要有较大差异	2
		没有相关认证的作业指导文件	3
资料技术评审环节（$B2$）	评审人员能力风险（$R3$）	具备相应专业的知识，完成过 10 次以上文件评审	0
		具备相应专业的知识，完成过 6～10 次文件评审	1
		具备相应专业的知识，完成过 1～5 次文件评审	2
		具备相应专业的知识，但未从事过文件评审工作	3
	评审资源配置风险（$R4$）	文件评审人日数与认证项目需要完全一致	0
		文件评审人日数较认证项目需要缺少 2 人日及以下	1
		文件评审人日数较认证项目需要缺少 2～3 人日	2
		文件评审人日数较认证项目需要缺少 3 人日以上	3
现场检查环节（$B3$）	检查资源配置风险（$R5$）	现场检查人日数与认证项目需要完全一致	0
		现场检查人日数较认证项目需要缺少 2 人日及以下	1
		现场检查人日数较认证项目需要缺少 2～3 人日	2
		现场检查人日数较认证项目需要缺少 3 人日以上	3

认证环节	风险点	风险度量	等级
现场检查环节（$B3$）	兼职检查人员占比风险（$R6$）	0≤兼职检查人员占比＜25%	0
		25%≤兼职检查人员占比＜50%	1
		50%≤兼职检查人员占比＜75%	2
		75%≤兼职检查人员占比≤100%	3
	工厂保证能力检查风险（$R7$）	检查项目覆盖所有要求项目	0
		检查项目覆盖要求项目的 90%以上	1
		检查项目覆盖要求项目的 80%～90%	2
		检查项目覆盖要求项目的 80%以下	3
	一致性检查风险（$R8$）	检查项目覆盖所有要求产品、项目	0
		检查项目覆盖要求产品、项目的 90%以上	1
		检查项目覆盖要求产品、项目的 80%～90%	2
		检查项目覆盖要求产品、项目的 80%以下	3
	“涉绿”指标检查风险（$R9$）	检查指标覆盖所有要求“涉绿”指标	0
		检查指标覆盖所有要求“涉绿”指标的 90%以上	1
		检查指标覆盖所有要求“涉绿”指标的 80%～90%	2
		检查指标覆盖所有要求“涉绿”指标的 80%以下	3
产品抽样检验环节（$B4$）	抽检产品覆盖面风险（$R10$）	抽检覆盖所有产品系列	0
		抽检覆盖要求产品系列的 90%以上	1
		抽检覆盖要求产品系列的 80%～90%	2
		抽检覆盖要求产品系列的 80%以下	3
	抽样数量达标风险（$R11$）	抽样数量达到国家标准要求数量	0
		抽样数量达到国家标准要求数量的 90%以上	1
		抽样数量达到国家标准要求数量的 80%～90%	2
		抽样数量为国家标准要求数量的 80%以下	3
	分包检验检测机构风险（$R12$）	委托给 A 类分包检验检测机构	0
		委托给 B 类分包检验检测机构	1
		委托给 C 类分包检验检测机构	2
		委托给 D 类分包检验检测机构	3
	抽检项目覆盖面风险（$R13$）	抽检覆盖所有项目	0
		抽检覆盖要求项目的 90%以上	1
		抽检覆盖要求项目的 80%～90%	2
		抽检覆盖要求项目的 80%以下	3

认证环节	风险点	风险度量	等级
获证后监督环节（$B5$）	信息收集处理风险（$R14$）	有与认证客户沟通的渠道，至少每月核对获证组织信息	0
		有与认证客户沟通的渠道，至少每季度核对获证组织信息	1
		有与认证客户沟通的渠道，至少每半年核对获证组织信息	2
		有与认证客户沟通的渠道，至少每年核对获证组织信息	3
	跟踪检查资源配置风险（$R15$）	获证后监督人日数与认证项目需要完全一致	0
		获证后监督人日数较认证项目需要缺少 2 人日及以下	1
		获证后监督人日数较认证项目需要缺少 2～3 人日	2
		获证后监督人日数较认证项目需要缺少 3 人日以上	3
	跟踪检查内容覆盖面风险（$R16$）	跟踪检查覆盖所有产品、项目	0
		跟踪检查覆盖要求产品、项目的 90%以上	1
		跟踪检查覆盖要求产品、项目的 80%～90%	2
		跟踪检查覆盖要求产品、项目的 80%以下	3

采用功效系数法对原始数据矩阵进行标准化，得到标准化矩阵 $\boldsymbol{S}$，如式（4.5）所示：

$$\boldsymbol{S}=\begin{bmatrix} s_{11} & s_{12} & \cdots & s_{1j} & \cdots & s_{1n} \\ s_{21} & s_{22} & \cdots & s_{2j} & \cdots & s_{2n} \\ \vdots & \vdots & \ddots & \vdots & \ddots & \vdots \\ s_{i1} & s_{i2} & \cdots & s_{ij} & \cdots & s_{in} \\ \vdots & \vdots & \ddots & \vdots & \ddots & \vdots \\ s_{m1} & s_{m2} & \cdots & s_{mj} & \cdots & s_{mn} \end{bmatrix} \tag{4.5}$$

式中，$s_{ij}=\dfrac{r_{ij}-\min(R_j)}{\max(R_j)-\min(R_j)}$。

根据标准化矩阵计算第 j 项风险点的熵值 e_j，如式（4.6）所示：

$$e_j=-k\sum_{i=1}^{m}p_{ij}\cdot\ln p_{ij} \tag{4.6}$$

式中，$p_{ij}=s_{ij}\Big/\sum_{i=1}^{m}s_{ij}$，若 $p_{ij}=0$，则 $\lim\limits_{p_{ij}\to 0}p_{ij}\ln p_{ij}=0$；$k=1/\ln m$。

根据熵值计算第 j 项风险点的熵权 φ_j，如式（4.7）所示：

$$\varphi_j = \frac{1-e_j}{\sum_{j=1}^{n}(1-e_j)} \tag{4.7}$$

则 n 个风险点的熵权向量为 $\boldsymbol{\varphi} = (\varphi_1, \varphi_2, \cdots, \varphi_n)^{\mathrm{T}}$。

（3）基于组合赋权模型的关键风险点识别

为既充分利用绿色产品认证领域专家的宝贵经验，又参照绿色产品认证开展的现实业务数据，对各风险点的层次分析法主观权重和熵权法客观权重进行线性组合，计算第 j 个风险点的组合权重（w_j），如式（4.8）所示：

$$w_j = \lambda \cdot \psi_j + (1-\lambda)\varphi_j \tag{4.8}$$

式中，λ 为调节系数。

为计算 λ，采用总误差平方和最小化原则，建立目标函数，如式（4.9）所示：

$$\min O = \sum_{j=1}^{n}\left[\left(\psi_j - w_j\right)^2 + \left(\varphi_j - w_j\right)^2\right] \tag{4.9}$$

对式（4.9）求一阶导数，并令一阶导数等于 0，可解得调节系数 $\lambda = 0.5$，即 $w_j = \frac{\psi_j + \varphi_j}{2}$，表明组合权重为层次分析法主观权重和熵权法客观权重的均值。最终计算可得各风险点综合权重为 $\boldsymbol{w} = (w_1, w_2, \cdots, w_n)^{\mathrm{T}}$。

各风险点权重的大小可反映该风险点对绿色产品认证有效性的影响程度，对于权重较大的风险点，在开展绿色产品认证过程中应重点关注、加强管控，以确保认证结果的权威性和可靠性。

4.1.2 基于组合赋权模型的绿色产品认证关键风险点识别示例

当前我国绿色产品认证工作尚未全面实施，仅在浙江省湖州市开展了试点认证工作，尚不具备开展实证分析的数据条件，因此本研究仅做示例分析。现假定要获取 25 项绿色产品认证，针对这 25 项绿色产品认证业务开展的关键风险点识别示例研究如下。

（1）基于层次分析法的风险点权重计算

邀请绿色产品认证领域专家，按照图 4-1 所示的层次结构模型进行打分。首先对准则层五要素进行两两比较打分，构造判断矩阵，结果如表 4-3 所示。

表 4-3　准则层风险要素判断矩阵

	*B*1	*B*2	*B*3	*B*4	*B*5
*B*1	1	1/3	2	1/4	1/5
*B*2	3	1	3	1/2	1/2
*B*3	1/2	1/3	1	1/5	1/4
*B*4	4	2	5	1	1
*B*5	5	2	4	1	1

根据表 4-3，计算准则层风险要素判断矩阵的一致性系数为 0.018 7（小于 0.1），通过一致性检验，进而求得准则层五类风险的权重向量为 $\gamma=(0.0838, 0.1875, 0.0630, 0.3321, 0.3336)^{T}$。

同理，对指标层构造判断矩阵，以产品抽样检验环节为例，构造判断矩阵，如表 4-4 所示。

表 4-4　产品抽样检验环节风险指标判断矩阵

	*R*10	*R*11	*R*12	*R*13
*R*10	1	1/3	2	1/4
*R*11	3	1	3	1/2
*R*12	1/2	1/3	1	1/5
*R*13	4	2	5	1

根据表 4-4 中的数据，计算产品抽样检验环节风险指标判断矩阵一致性系数为 0.017 2（小于 0.1），通过一致性检验，进而求得产品抽样检验环节 4 项风险指标的权重为 $\varsigma_4 = (0.143\,6, 0.171\,4, 0.458\,6, 0.226\,3)^{\mathrm{T}}$ 。

同理，可计算其他准则层各风险指标的权重，并根据式（4.3）计算得到每个风险点的主观权重为 0.042、0.042、0.094、0.094、0.036、0.069、0.069、0.122、0.048、0.048、0.057、0.153、0.076、0.032、0.016、0.016。

（2）基于熵权法的风险点权重计算

邀请绿色产品认证领域专家，对照表 4-2 中的风险点分级参考标准对示例中的 25 项绿色产品认证业务进行打分，形成绿色产品认证风险点分级原始数据，如表 4-5 所示。

表 4-5 绿色产品认证风险点分级示例数据

序号	*R*1	*R*2	*R*3	*R*4	*R*5	*R*6	*R*7	*R*8	*R*9	*R*10	*R*11	*R*12	*R*13	*R*14	*R*15	*R*16
1	1	0	2	0	3	0	2	3	3	1	2	3	2	2	0	2
2	0	1	3	3	2	2	1	0	1	3	2	2	3	3	0	0
3	2	0	1	2	2	2	2	2	3	3	1	1	2	3	0	0
4	3	1	2	3	3	2	1	1	1	3	2	2	2	0	3	1
5	2	0	1	0	3	1	3	2	3	3	3	3	0	0	1	3
6	3	2	3	1	0	3	2	3	0	0	0	2	3	1	2	0
7	0	1	1	2	3	2	0	3	0	3	1	0	0	0	1	0
8	0	0	0	1	0	1	2	3	0	0	2	3	2	3	0	1
9	2	3	2	0	3	3	2	1	2	3	2	2	3	3	1	2
10	3	0	1	1	2	0	0	0	1	2	3	1	0	2	3	0
11	1	0	2	3	0	2	2	0	0	0	3	0	1	0	0	1
12	1	2	3	0	3	1	0	0	0	1	0	0	3	3	1	0
13	2	1	1	2	0	0	0	2	2	0	2	0	2	1	3	0
14	1	2	2	1	2	1	0	2	3	3	1	3	2	1	1	0
15	1	0	1	1	3	0	2	1	3	2	0	1	3	0	0	3
16	2	2	0	3	3	0	0	0	2	0	0	3	1	2	2	3

序号	*R*1	*R*2	*R*3	*R*4	*R*5	*R*6	*R*7	*R*8	*R*9	*R*10	*R*11	*R*12	*R*13	*R*14	*R*15	*R*16
17	0	1	2	0	1	0	1	1	2	0	2	1	1	3	3	3
18	1	3	0	1	3	0	0	3	1	3	1	3	0	1	3	2
19	1	2	3	0	2	1	0	1	1	2	3	1	2	2	0	3
20	1	0	0	1	1	1	1	2	2	2	0	0	0	1	0	2
21	1	3	0	2	2	1	2	1	0	3	0	2	0	1	3	3
22	1	2	0	2	1	2	0	2	0	2	0	2	2	2	2	0
23	3	2	0	2	3	3	2	2	0	3	0	3	0	0	0	2
24	2	0	0	3	3	1	2	3	3	1	3	2	3	0	1	0
25	0	3	0	1	1	3	3	0	3	2	1	2	0	2	3	1

运用功效系数法对表 4-5 中的数据进行标准化，运用式（4.6）计算 16 个风险点的熵值分别为 0.740、0.689、0.686、0.728、0.762、0.714、0.695、0.732、0.703、0.739、0.705、0.748、0.710、0.717、0.683、0.673。进而运用式（4.7）计算 16 个风险点的熵权为 0.057、0.068、0.069、0.060、0.052、0.062、0.067、0.059、0.065、0.057、0.065、0.055、0.063、0.062、0.069、0.072。

（3）风险点组合权重计算

在主、客观权重计算的基础上，对两者进行算术平均，求得各风险点的组合权重为 0.050、0.055、0.082、0.077、0.044、0.066、0.068、0.091、0.057、0.053、0.061、0.104、0.070、0.047、0.043、0.044。各风险点主、客观权重及组合权重如表 4-6 所示。

表 4-6　绿色产品认证风险点权重汇总

风险点	主观权重	熵权	组合权重
*R*1：认证经验风险	0.042	0.057	0.050
*R*2：专业技术准备风险	0.042	0.068	0.055
*R*3：评审人员能力风险	0.094	0.069	0.082
*R*4：评审资源配置风险	0.094	0.060	0.077

风险点	主观权重	熵权	组合权重
*R*5：检查资源配置风险	0.036	0.052	0.044
*R*6：兼职检查人员占比风险	0.069	0.062	0.066
*R*7：工厂保证能力检查风险	0.069	0.067	0.068
*R*8：一致性检查风险	0.122	0.059	0.091
*R*9：“涉绿”指标检查风险	0.048	0.065	0.057
*R*10：抽检产品覆盖面风险	0.048	0.057	0.053
*R*11：抽样数量达标风险	0.057	0.065	0.061
*R*12：分包检验检测机构风险	0.153	0.055	0.104
*R*13：抽检项目覆盖面风险	0.076	0.063	0.070
*R*14：信息收集处理风险	0.032	0.062	0.047
*R*15：跟踪检查资源配置风险	0.016	0.069	0.043
*R*16：跟踪检查内容覆盖面风险	0.016	0.072	0.044

（4）关键风险点识别结果分析

根据表 4-6 中的数据可知，排名前三的关键风险点为分包检验检测机构风险（*R*12=0.104）、一致性检查风险（*R*8=0.091）、评审人员能力风险（*R*3=0.082）。这意味着在绿色产品认证过程中，首先应关注的是分包检验检测机构的风险，在选择分包检验检测机构时，应委托具有中国计量认证资质的实验室进行，并加强对检测过程的控制；其次要注重现场检查环节的一致性检查风险，确保企业所申请的认证产品与现场检查产品是一致的，防止出现认证产品与现场检查产品“两张皮”的情形；最后，由于我国绿色产品认证工作处于试点实施阶段，在开展过程中存在评审人员知识经验不足的风险，应加强对评审人员的专业培训和教育，以规避相应风险。

此外，通过表 4-6 中的数据不难发现各风险点的主、客观权重存在差异。以分包检验检测机构风险为例，其主、客观权重分别为 0.153、0.055，这说明根据专家经验判断，分包检验检测机构风险性较高，需要在开展认证过程中重点管控，而根据对实际认证工作的风险评价数据计算所得的客观权重却很低，说明在实际绿色产品认证过程中分包检验检测机构的风险并不高。出现这种现象的原因可能是在实际认证工作中，依据专家经验判断出该类风险相对较高，为此对该类风险进行了重点管控，使得该类风险实际表现在较低水平，这体现了组合赋权的优势：既能充分发挥专家经验的预见性，又能根据实际认证工作开展情况调整相关风险点的风险度。

4.2　基于 ISM-ANP 模型的绿色产品认证关键风险点分析

组合赋权模型虽充分考虑了专家经验和数据价值，但仅适用于各风险指标相互独立的情形。为全面分析绿色产品认证风险点之间的相互影响关系，并在此基础上对风险点进行量化排序，本节选用 ISM 来解决风险点关联性分析问题，通过 ISM 挖掘风险点间的潜在影响关系，进而对风险点进行层级划分，从而找出底层关键风险源。随后选用 ANP 对具有关联关系的风险点进行权重计算，判定每个风险点对绿色产品认证过程的重要性。本部分研究仍以“3.3.1 基于认证业务流程视角的风险识别”为基础。

4.2.1　基于 ISM 的绿色产品认证风险点关联分析模型

ISM 是由美国教授沃菲尔德于 1974 年提出的。该模型将复杂系统中的各组要素分离出来，将系统构建成多级递阶结构，再利用长期实践经验和计算机工具进行模型深度挖掘分析。该模型在分析多指标关联性方面有着良好表现，其关键思路是将问题要素化，利用矩阵运算找出指标间的相关关系，经常应用于复杂系统分析中[59, 60]。

本研究通过 ISM 对绿色产品认证实施过程中的各类风险点进行分析，对各类风险点进行多层级划分，识别出底层关键风险源，明确每个风险源之间的相互影响；同时也为后续 ANP 模型的运用奠定基础。具体建模过程如下。

（1）确定分析对象及风险指标体系

以“3.3.1 基于认证业务流程视角的风险识别”为基础，结合家具类绿色产品认证的实际情况，构建家具类绿色产品认证风险指标体系，共包含认证申请等六大类 19 个风险指标，具体包括认证单元划分、企业信誉、审核体系完善程度、审核人员水平、审核人日数、审核时限、抽样人员水平、抽样产品覆盖程度、利用其他检验结果、现场检查人员水平、现场检查人日数、现场检查时限、工厂保证能力检查、产品一致性检查、认证决定人员水平、认证信息的全面性、企业变更信息的收集和处理、获证后监督频次、监督检查内容覆盖程度。具体如图 4-2 所示。

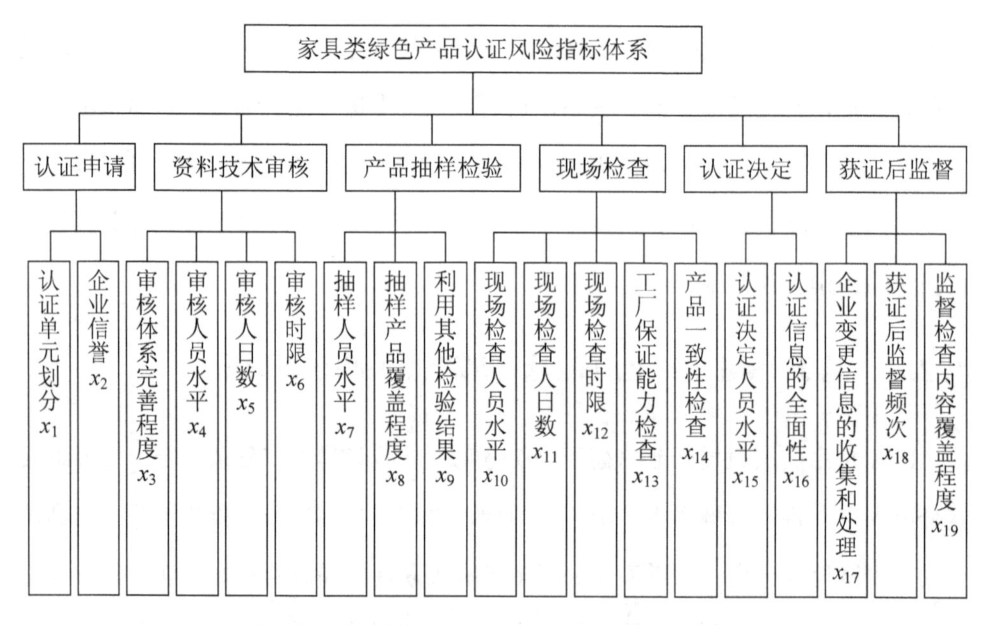

图 4-2 家具类绿色产品认证风险评价指标体系

（2）认证风险指标关联性分析

1）构建邻接矩阵。通过对认证领域的专家进行访谈和问卷调查获取邻接矩阵数据。以 x_n 表示认证风险指标，a_{ij} 为风险指标 x_i 与风险指标 x_j 间的相关性，若 a_{ij}=0，表明 x_i 对 x_j 无直接影响关系；若 a_{ij}=1，表明 x_i 对 x_j 有直接影响关系。由此构建原始邻接布尔矩阵 $\boldsymbol{P}$，如式（4.10）所示：

$$\boldsymbol{P}=\begin{bmatrix} a_{11} & a_{12} & \cdots & a_{1n} \\ a_{21} & a_{22} & \cdots & a_{2n} \\ \vdots & \vdots & \ddots & \vdots \\ a_{n1} & a_{n2} & \cdots & a_{nn} \end{bmatrix} \tag{4.10}$$

2）计算可达矩阵。可达矩阵是用矩阵形式来描述有向连接图各节点之间经过一定长度的通路后可达到的程度。本研究采用连乘法求解可达矩阵，同阶单位矩阵用 $\boldsymbol{I}$ 表示，当 $(\boldsymbol{P}+\boldsymbol{I})^{k-1} \neq (\boldsymbol{P}+\boldsymbol{I})^{k} = (\boldsymbol{P}+\boldsymbol{I})^{k+1} = \boldsymbol{W}$（$k>1$）时，得到的矩阵 $\boldsymbol{W}$ 即为 $\boldsymbol{P}$ 的可达矩阵，k 表示风险指标 x_i 和风险指标 x_j 之间的路径长度。

3）构建风险指标层次结构图。为直观展示各个风险指标之间的相关关系，将所有风险指标进行层级划分，并对指标驱动力与依赖性进行分析。

首先，寻找各风险指标的可达集，风险指标 x_i 可以直接或间接影响的所有指标为其可达集，记为 $R(x_i)$。指标 x_i 可影响的指标越多，表示该指标的驱动力越强。

其次，寻找各风险指标的先行集，先行集为可以直接或间接影响指标 x_i 的所有指标，记为 $Q(x_i)$。可以影响指标 x_i 的指标越多，表示指标 x_i 的依赖性越强。

最后，依据可达集和先行集，进行风险指标层级划分，具体步骤如下：

①基于求出的可达矩阵，进行风险指标的可达集、先行集和两者交集的统计整理；

②找出 $R(x_i) \cap Q(x_i) = R(x_i)$ 的指标，此类指标即为第一层指标；

③随后在可达矩阵中删除已分层的指标，再重复步骤②确定下一层级的指标；

④直到最后一个指标分层完成，得到认证过程风险指标层级结构模型。

4.2.2 基于 ANP 的风险点权重判定模型

在利用 ISM 模型对指标进行关联性分析后，可得到每个指标间的潜在影响关系，并按照指标驱动力和依赖性进行指标的层级划分。为进一步研究每个风险指标的重要性，采用 ANP 模型计算所有风险指标的全局权重，从而量化每个指标的重要程度。ANP 模型的计算包括三个环节：首先，依据指标关联关系构建指标网络关联结构图；其次，基于 1～9 标度法对指标重要性进行两两比较评分；最后，通过矩阵运算的方式，得到每个指标相对于决策目标的全局权重。

（1）构建风险指标网络结构图

认证过程风险指标的 ANP 网络模型构建，主要包括三个步骤：首先，设定控制层为绿色产品认证关键风险点识别，即本模型的决策目标。其次，依据 ISM 模型的指标关联性分析结果，构建模型的网络层，即将所有存在影响关系的指标，通过有向箭头进行连接。最后，录入 Super Decision 软件。将所有绿色产品认证风险指标按照一级指标和二级指标的结构进行分层构建，并将指标间的关联关系用有向箭头的方式录入表示，形成绿色产品认证风险指标网络结构图。

（2）判断矩阵的构建

1）构建准则。依据绿色产品认证风险指标网络结构图对存在关联关系的风险指标和指标组进行两两比较，对不同指标组进行两两比较时应将决策目标作为比较的准则，对不同指标进行两两比较时应将其他相关联的指标作为比较的次准则。在比较时依据 1～9 标度法进行打分，对准则影响程度越高的评分越高，对准则影响程度越低的评分越低。在进行评分比较时，因为指标数量较多，人为评分可能出现逻辑错误，导致总体评价偏差较大，所以在评分完成后需计算评分矩阵的一致性。如果一致性检验系数小于 0.1，则该判断矩阵满足一致性要求；否则应检查该判断矩阵是否存在逻辑问题，并进行合理的打分调整，直到通过一致性检验。

2）构建步骤。第一，以绿色产品认证风险指标体系为依据，参照 ISM 模型获得的指标关联关系，建立指标与指标间和指标组与指标组间的判断矩阵；第二，设计评分问卷，并邀请认证领域专家进行填写，依据 1～9 标度法进行打分；第三，在仿真软件中输入评分问卷数据，进行 ANP 模型矩阵运算，从而求得所有风险指标的局部权重和全局权重。

（3）风险指标权重计算

1）构建未加权超矩阵。在获得所有指标的判断矩阵后，将其进行归一化，并获得该矩阵的特征向量，未加权超矩阵即为所有特征向量的集合，记为 $\boldsymbol{W}$。

在矩阵 $\boldsymbol{W}$ 中，指标或指标组间无影响关系的用 0 表示，可直观展示出指标组中的指标相对次准则指标的影响程度。矩阵中列表示指标组中的指标相对次准则的重要性排序，但重要性的比较只在指标组内发生，不能反映不同指标组中指标的影响关系。

2）构建加权超矩阵。基于指标组评分比较获得的判断矩阵，通过归一化后可得到加权矩阵，记为 $\boldsymbol{X}$，加权矩阵表示不同指标组相对目标准则的影响程度。将未加权矩阵 $\boldsymbol{W}$ 与加权矩阵 $\boldsymbol{X}$ 相乘，可得到加权超矩阵，记为 $\overline{\boldsymbol{W}}$ 。此时获得的矩阵既可表示同一指标组内不同指标的重要性，也可表示不同指标组内不同指标的重要性。

3）计算极限超矩阵。加权超矩阵表现的是指标间的直接影响关系，并未体现指标间的间接影响关系，因此需要进一步计算极限超矩阵，将加权超矩阵进行多次幂的迭代运算，直到满足 $\overline{\boldsymbol{W}}^{\infty}=\lim\limits_{t\to\infty}\overline{\boldsymbol{W}}^{t}$ ，此时得到的矩阵即为极限超矩阵，通过极限超矩阵即可获得所有指标组和指标的全局权重。风险指标的权重越高表示该风险指标对认证有效性的影响越大，应该在认证风险管控中予以重点关注。

4.2.3 基于ISM-ANP模型的绿色产品认证关键风险点识别示例

假定现获取某认证机构开展的家具类绿色产品认证业务，以图4-2构建的认证风险评价指标体系为依据，运用ISM-ANP模型计算风险指标权重，以识别关键风险点。

（1）构建风险点邻接矩阵

首先，邀请认证领域专家进行指标关联关系问卷填写，经过多次评估得到认证风险指标之间的直接影响关系，并构建风险指标邻接矩阵，当横向指标对纵向指标存在直接影响时，在表格对应处填1，无直接影响关系时填0，最终构建认证风险点邻接矩阵，如表4-7所示。

表4-7 绿色产品认证风险点邻接矩阵

风险指标	x_1	x_2	x_3	x_4	x_5	x_6	x_7	x_8	x_9	x_{10}	x_{11}	x_{12}	x_{13}	x_{14}	x_{15}	x_{16}	x_{17}	x_{18}	x_{19}
x_1	0	0	0	0	1	1	0	0	1	0	0	0	1	1	0	0	0	0	0
x_2	0	0	0	0	0	0	0	0	1	0	0	0	1	1	0	0	0	0	0
x_3	0	0	0	0	1	1	0	0	1	0	1	0	0	0	1	1	0	0	0
x_4	0	0	0	0	0	1	0	0	0	0	0	0	0	0	0	0	0	0	0
x_5	0	0	0	0	0	1	0	0	0	0	0	0	0	0	0	0	0	0	0
x_6	0	1	0	0	0	0	0	0	0	0	0	0	0	0	0	0	0	0	0
x_7	0	0	0	0	0	0	0	1	0	0	0	0	0	1	0	0	0	0	0
x_8	0	0	0	0	0	0	0	0	0	0	0	0	0	1	0	1	0	0	0
x_9	0	0	0	0	0	0	0	0	0	0	0	0	0	0	0	1	0	0	0
x_{10}	0	0	0	0	0	0	0	0	0	0	0	1	1	1	0	0	0	0	0
x_{11}	0	0	0	0	0	0	0	0	0	0	0	1	0	0	0	0	0	0	0
x_{12}	0	0	0	0	0	0	0	0	0	0	0	0	1	1	0	0	0	0	0
x_{13}	0	0	0	0	0	0	0	0	0	0	0	0	0	0	0	1	0	0	0
x_{14}	0	0	0	0	0	0	0	0	0	0	0	0	0	0	0	1	0	0	0
x_{15}	0	0	0	0	0	0	0	0	0	0	0	0	0	0	0	1	0	0	0
x_{16}	0	0	0	0	0	0	0	0	0	0	0	0	0	0	0	0	0	0	0
x_{17}	0	1	0	0	0	0	0	0	0	0	0	0	0	0	0	0	0	0	0
x_{18}	0	0	0	0	0	0	0	0	0	0	0	0	0	0	0	0	1	0	0
x_{19}	0	1	0	0	0	0	0	0	0	0	0	0	0	0	0	0	0	0	0

（2）计算可达矩阵

通过 MATLAB 软件进行可达矩阵的计算，并进行指标驱动力和依赖性的统计。风险指标可影响的其他风险指标越多表示该指标的驱动力越强，同理，可以影响该风险指标的指标越多表示该指标的依赖性越强。经运算得出绿色产品认证风险点可达矩阵如表 4-8 所示。

表 4-8　绿色产品认证风险点可达矩阵

风险指标	x_1	x_2	x_3	x_4	x_5	x_6	x_7	x_8	x_9	x_{10}	x_{11}	x_{12}	x_{13}	x_{14}	x_{15}	x_{16}	x_{17}	x_{18}	x_{19}	驱动力
x_1	1	1	0	0	1	1	0	0	1	0	0	0	1	1	0	1	0	0	0	8
x_2	0	1	0	0	0	0	0	0	1	0	0	0	1	1	0	1	0	0	0	5
x_3	0	1	1	0	1	1	0	0	1	0	1	1	1	1	1	1	0	0	0	11
x_4	0	1	0	1	0	1	0	0	1	0	0	0	1	1	0	1	0	0	0	7
x_5	0	1	0	0	1	1	0	0	1	0	0	0	1	1	0	1	0	0	0	7
x_6	0	1	0	0	0	1	0	0	1	0	0	0	1	1	0	1	0	0	0	6
x_7	0	0	0	0	0	0	1	1	0	0	0	0	0	1	0	1	0	0	0	4
x_8	0	0	0	0	0	0	0	1	0	0	0	0	0	1	0	1	0	0	0	3
x_9	0	0	0	0	0	0	0	0	1	0	0	0	0	0	0	1	0	0	0	2
x_{10}	0	0	0	0	0	0	0	0	0	1	0	1	1	1	0	1	0	0	0	5
x_{11}	0	0	0	0	0	0	0	0	0	0	1	1	1	1	0	1	0	0	0	5
x_{12}	0	0	0	0	0	0	0	0	0	0	0	1	1	1	0	1	0	0	0	4
x_{13}	0	0	0	0	0	0	0	0	0	0	0	0	1	0	0	1	0	0	0	2
x_{14}	0	0	0	0	0	0	0	0	0	0	0	0	0	1	0	1	0	0	0	2
x_{15}	0	0	0	0	0	0	0	0	0	0	0	0	0	0	1	1	0	0	0	2
x_{16}	0	0	0	0	0	0	0	0	0	0	0	0	0	0	0	1	0	0	0	1
x_{17}	0	1	0	0	0	0	0	0	1	0	0	0	1	1	0	1	1	0	0	6
x_{18}	0	1	0	0	0	0	0	0	1	0	0	0	1	1	0	1	1	1	0	7
x_{19}	0	1	0	0	0	0	0	0	1	0	0	0	1	1	0	1	0	0	1	6
依赖性	1	9	1	1	3	5	1	2	10	1	2	4	13	15	2	19	2	1	1	

基于各风险指标的驱动力和依赖性高低，对绿色产品认证风险指标进行四象限划分，如图 4-3 所示。处于第一象限的风险指标具有高驱动力和高依赖性的特征，此类风险指标活跃性较强且不稳定，对绿色产品认证有着极强的干扰，本研

究中并未出现此类风险指标。处于第二象限中的风险指标具有高驱动力和低依赖性的特征，此类风险指标是认证过程中的关键风险因素，它们自身不易受到其他因素的影响，但对其他风险指标具有较强的影响能力，处于该象限的风险指标包括认证单元划分（x_1）、审核体系完善程度（x_3）、审核人员水平（x_4）和获证后监督频次（x_{18}）。处于第三象限的风险指标具有低驱动力和低依赖性的特征，此类风险因素较为稳定，对绿色产品认证有效性的影响较低，处于该象限的风险指标包括企业信誉（x_2）、抽样人员水平（x_7）、抽样产品覆盖程度（x_8）、现场检查人员水平（x_{10}）、现场检查人日数（x_{11}）、现场检查时限（x_{12}）和认证决定人员水平（x_{15}）。处于第四象限的指标具有低驱动力和高依赖性的特征，此类指标多为顶层指标，本身对其他指标的影响能力较弱，容易受到其他风险指标的影响，处于该象限的风险指标包括工厂保证能力检查（x_{13}）、产品一致性检查（x_{14}）、认证信息的全面性（x_{16}）。

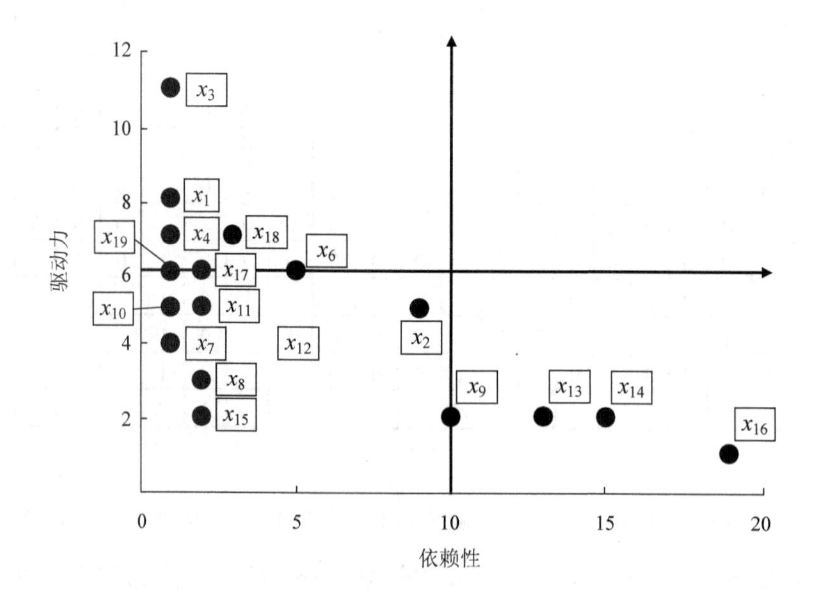

图 4-3　风险指标依赖性与驱动力关系

（3）风险指标可达集与先行集划分

通过可达集和先行集划分可进一步明确每个指标的重要程度，可达集 R（x_i）表示指标 x_i 可以直接或间接影响的所有指标，先行集 Q（x_i）表示可以直接或间接影响指标 x_i 的所有指标。基于表 4-8 的可达矩阵，汇总各风险点的可达集和先行集如表 4-9 所示。

表 4-9　风险指标层级划分

x_i	可达集 R（x_i）	先行集 Q（x_i）	R（x_i）$\cap Q$（x_i）
x_1	x_1，x_2，x_5，x_6，x_9，x_{13}，x_{14}，x_{16}	x_1	x_1
x_2	x_2，x_9，x_{13}，x_{14}，x_{16}	x_1，x_2，x_3，x_5，x_6，x_{17}，x_{18}，x_{19}	x_2
x_3	x_2，x_3，x_5，x_6，x_9，x_{11}，x_{12}，x_{13}，x_{14}，x_{15}，x_{16}	x_3	x_3
x_4	x_2，x_4，x_6，x_9，x_{13}，x_{14}，x_{16}	x_4	x_4
x_5	x_2，x_5，x_6，x_9，x_{13}，x_{14}，x_{16}	x_1，x_3，x_5	x_5
x_6	x_2，x_6，x_9，x_{13}，x_{14}，x_{16}	x_1，x_3，x_4，x_5，x_6	x_6
x_7	x_7，x_8，x_{14}，x_{16}	x_7	x_7
x_8	x_8，x_{14}，x_{16}	x_7，x_8	x_8
x_9	x_9，x_{16}	x_1，x_2，x_3，x_4，x_5，x_6，x_9，x_{17}，x_{18}，x_{19}	x_9
x_{10}	x_{10}，x_{12}，x_{13}，x_{14}，x_{16}	x_{10}	x_{10}
x_{11}	x_{11}，x_{12}，x_{13}，x_{14}，x_{16}	x_3，x_{11}	x_{11}
x_{12}	x_{12}，x_{13}，x_{14}，x_{16}	x_3，x_{10}，x_{11}，x_{12}	x_{12}
x_{13}	x_{13}，x_{16}	x_1，x_2，x_3，x_4，x_5，x_6，x_{10}，x_{11}，x_{12}，x_{13}，x_{17}，x_{18}，x_{19}	x_{13}
x_{14}	x_{14}，x_{16}	x_1，x_2，x_3，x_4，x_5，x_6，x_7，x_8，x_{10}，x_{11}，x_{12}，x_{14}，x_{17}，x_{18}，x_{19}	x_{14}
x_{15}	x_{15}，x_{16}	x_3，x_{15}	x_{15}
x_{16}	x_{16}	x_1，x_2，x_3，x_4，x_5，x_6，x_7，x_8，x_9，x_{10}，x_{11}，x_{12}，x_{13}，x_{14}，x_{15}，x_{16}，x_{17}，x_{18}，x_{19}	x_{16}
x_{17}	x_2，x_9，x_{13}，x_{14}，x_{16}，x_{17}	x_{17}，x_{18}	x_{17}
x_{18}	x_2，x_9，x_{13}，x_{14}，x_{16}，x_{17}，x_{18}	x_{18}	x_{18}
x_{19}	x_2，x_9，x_{13}，x_{14}，x_{16}，x_{19}	x_{19}	x_{19}

（4）建立层次结构模型

当某风险指标 $R（x_i）\cap Q（x_i）=R（x_i）$ 时，此类指标即为第一层指标。由表 4-9 可知，绿色产品认证风险指标的顶层指标是认证信息的全面性（x_{16}）。随后在可达矩阵中删除该风险指标，再重复上述步骤确定下一层级的指标。最终共得到 6 层风险指标：第一层风险指标为 $\{x_{16}\}$，第二层风险指标为 $\{x_9，x_{13}，x_{14}，x_{15}\}$，第三层风险指标为 $\{x_2，x_8，x_{12}\}$，第四层风险指标为 $\{x_6，x_7，x_{10}，x_{11}，x_{17}，x_{19}\}$，第五层风险指标为 $\{x_4，x_5，x_{18}\}$，第六层风险指标为 $\{x_1，x_3\}$。按照风险指标层级和指标直接关联性分析结果，得到绿色产品认证风险层级结构（图 4-4）。

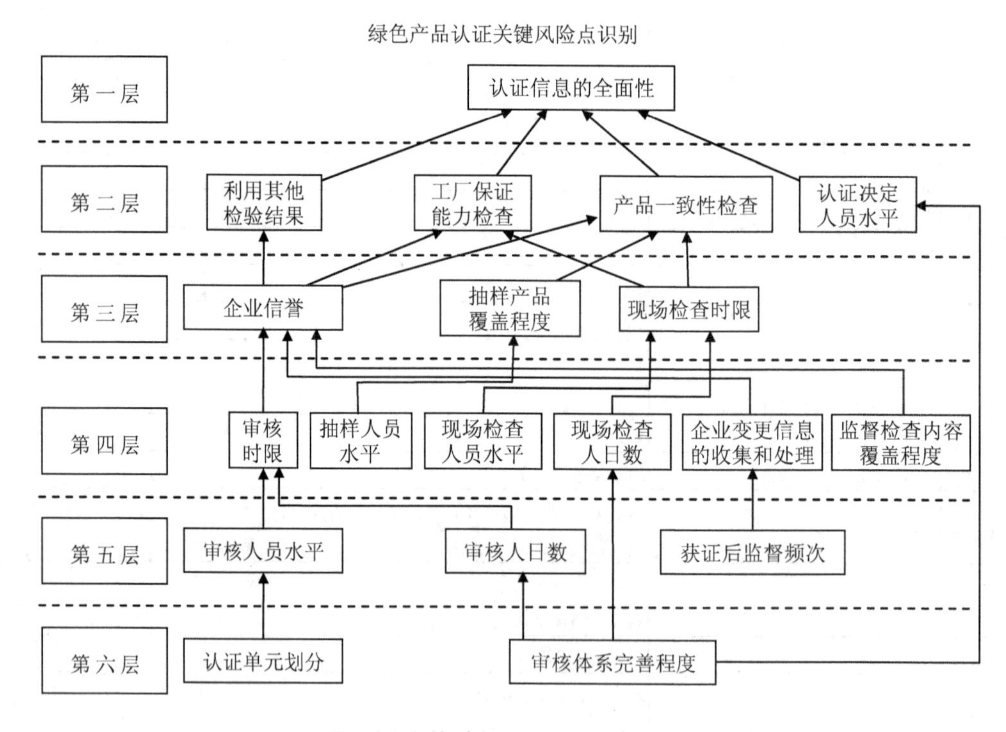

图 4-4　绿色产品认证风险层级结构

图 4-4 中相邻两层指标之间存在直接影响关系，下层为影响层，上层为被影响层。不相邻的层级也存在直接影响关系，例如第六层中的审核体系完善程度可

以直接影响第四层的现场检查人日数。

本研究将处于第一、第二层的风险指标定义为表层风险指标，包括第一层的认证信息的全面性和第二层的利用其他检验结果、工厂保证能力检查、产品一致性检查、认证决定人员水平。表层风险指标是影响认证有效性的直接因素，其具有较高的依赖性，容易被低层级指标影响。将第三、第四、第五层的风险指标定义为中间层风险指标，包括企业信誉、抽样产品覆盖程度、现场检查时限、审核时限、抽样人员水平、现场检查人员水平、现场检查人日数、企业变更信息的收集和处理、监督检查内容覆盖程度、审核人员水平、审核人日数、获证后监督频次。中间层风险指标是影响绿色产品认证有效性的间接因素。将第六层的风险指标定义为底层风险指标，包括认证单元划分、审核体系完善程度。底层风险指标一般通过其他风险因素影响认证有效性。

（5）基于 ANP 的风险指标权重分析

根据 ISM 得出的风险指标间交互影响，确定家具类绿色产品认证关键风险点识别网络层次结构模型，如图 4-5 所示。

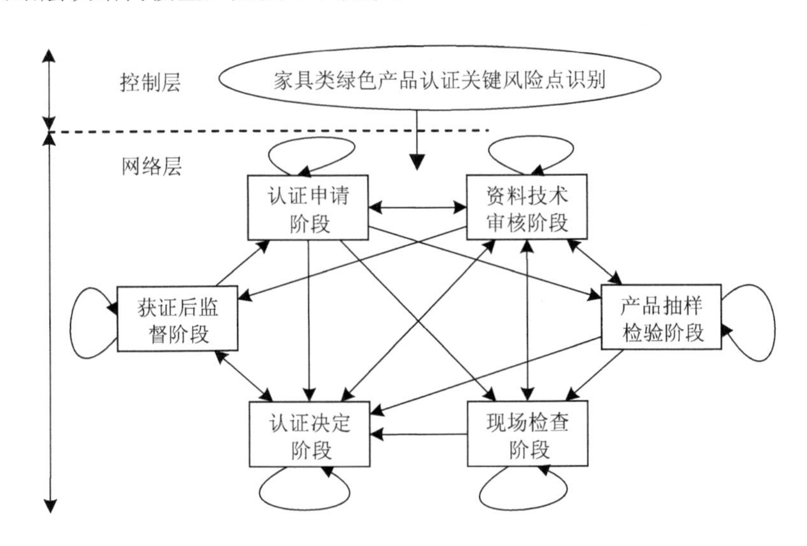

图 4-5　绿色产品认证关键风险点识别网络层次结构模型

采用 1～9 标度法，基于风险指标间依存的反馈关系，对家具类绿色产品认证风险指标体系中的各风险点进行两两比较，构建判断矩阵，然后进行一致性判断。进而通过 Super Decision 软件进行 ANP 的矩阵运算，最终获得相关指标权重。依据各风险点全局权重对其进行排序，确定关键风险要素。最终分析结果如表 4-10 所示。

表 4-10 基于 ANP 的绿色产品认证风险点权重计算

一级指标	权重	二级指标	局部权重	全局权重	排序
认证申请	0.106	企业信誉	0.621	0.066	7
		认证单元划分	0.379	0.040	11
资料技术审核	0.180	审核体系完善程度	0.577	0.104	3
		审核人员水平	0.205	0.037	12
		审核人日数	0.116	0.021	15
		审核时限	0.102	0.018	16
产品抽样检验	0.043	抽样人员水平	0.497	0.021	14
		抽样产品覆盖程度	0.185	0.008	19
		利用其他检验结果	0.318	0.014	18
现场检查	0.346	现场检查人员水平	0.281	0.097	4
		现场检查人日数	0.075	0.026	13
		现场检查时限	0.120	0.042	10
		工厂保证能力检查	0.194	0.067	6
		产品一致性检查	0.329	0.114	2
认证决定	0.203	认证决定人员水平	0.366	0.075	5
		认证信息的全面性	0.634	0.129	1
获证后监督	0.122	企业变更信息的收集和处理	0.371	0.045	9
		获证后监督频次	0.148	0.018	17
		监督检查内容覆盖程度	0.481	0.058	8

（6）绿色产品认证风险管控对策建议

对于绿色产品认证风险指标，要依据不同指标的驱动力、依赖性和指标所在层级制定不同的应对措施。底层风险指标多为根本影响指标，认证机构应增加对认证单元划分和审核体系完善程度的重视程度；中层风险指标多为认证实施的规章制度所约束的指标，应严格按照实施规范进行认证过程的风险把控，杜绝企业虚报数据、人员伪造数据等情况；表层风险指标多处于综合决策阶段，需要全面核实各个认证环节相关资料，保证信息录入的全面性，多维度评估整个认证实施过程，最终给出权威的决策意见，保证绿色产品认证的可靠性。

根据 ANP 计算结果，排名前五的关键风险要素为：认证信息的全面性风险、产品一致性检查风险、审核体系完善程度风险、现场检查人员水平风险及认证决定人员水平风险。这意味着在认证实施过程中，从认证申请到资料技术审核、现场检查、产品抽样检验的各个阶段都要做好信息的全面录入，这是认证决定阶段能否做出客观结论的依据。在现场检查阶段，要高度重视现场检查产品与委托认证产品是否一致，避免偷梁换柱。在资料技术审核阶段要建立完善的审核体系。同时，要通过培训、再教育等手段提升现场检查人员和认证决定人员的能力及素养。

4.3　基于 DEMATEL-ANP 模型的绿色产品认证关键风险点分析

绿色产品认证中的各类风险点并不是孤立存在的，而是相互影响的：有时为管控某一风险点，可能会导致另一风险点风险度提高，存在此消彼长的现象；有时为管控某一风险点，会使另外某些风险点风险度随之降低，存在一石二鸟的作用。因此，绿色产品认证关键风险点识别是一类典型的多准则决策问题。

DEMATEL 最早是由美国 Battelle 实验室的学者 Gabus A 和 Fontela E 为了解决现实世界中复杂、困难的决策问题而提出的方法论，是一种运用图论和矩阵工具的系统分析方法[61]。DEMATEL 首先对系统中的要素构成和要素间的相互影响关系进行分析，构建直接影响矩阵，经过运算求得综合影响矩阵，根据综合影响矩阵计算每个要素的影响度以及被影响度，从而得到每个要素的原因度与中心度，最终形成要素因果关系图。

ANP 能够充分考虑研究对象复杂的内在关联，实现关键风险点识别；但 ANP 需要构建要素间网络关系图，而网络关系图的构建通常是根据研究者对要素间关系的主观判断进行的，这就无法确保网络关系图构建的客观性；此外，ANP 涉及大量的指标间两两比较，特别是随着准则层指标数量的增长，两两比较的复杂度显著提升，且受评价人员认知能力限制，通常很难达到 ANP 要求的一致性检验[62]。

为此，ANP 通常与 DEMATEL 结合形成 DEMATEL-ANP。通过 DEMATEL 形成的要素因果关系图为 ANP 建模奠定了基础，同时 DEMATEL 获得的综合影响矩阵可以直接作为 ANP 模型中的未加权超矩阵，避免了 ANP 中指标之间两两比较的烦琐工作以及一致性检验问题。在最终要素权重确定方面，综合考虑 DEMATEL 的中心度和 ANP 计算的权重，能够整合得出各系统要素的最终排序。当前 DEMATEL-ANP 模型广泛应用于解决物流与供应链[63]、产业协同[64]、电子商务[65]、企业绩效评价[66]等领域的多属性决策问题。这部分内容将以“3.3.3 基于关键认证要素视角的风险识别”为基础，探索运用 DEMATEL-ANP 模型进行绿色产品认证关键风险点识别研究。

4.3.1 基于 DEMATEL-ANP 的关键风险点识别模型构建

“3.3.3 基于关键认证要素视角的风险识别”将绿色产品认证风险划分为四大类 18 个风险点，各风险点交互影响共同决定了绿色产品认证业务的风险度。本部分探索基于 DEMATEL-ANP 的关键风险点识别模型构建。

首先，通过调查问卷收集风险指标间的相互影响关系，得出直接影响矩阵 $\boldsymbol{Z}$，如式（4.11）所示。z_{ij} 表示第 i 项风险指标对第 j 项风险指标的影响程度。

$$Z=\begin{bmatrix} z_{11} & z_{12} & \cdots & z_{1n} \\ z_{21} & z_{22} & \cdots & z_{2n} \\ \vdots & \vdots & \ddots & \vdots \\ z_{n1} & z_{n2} & \vdots & z_{nn} \end{bmatrix} \tag{4.11}$$

其次，将矩阵 $\boldsymbol{Z}$ 进行标准化，得到规范影响矩阵 $\boldsymbol{X}$，其中，$\boldsymbol{X}=\lambda\cdot\boldsymbol{Z}$。

式中，$\lambda=\dfrac{1}{\max\sum_{i=1}^{n}\sum_{j=1}^{n}z_{ij}}(i,j=1,2,\cdots,n)$。

再次，根据规范影响矩阵 $\boldsymbol{X}$ 计算综合影响矩阵 $\boldsymbol{T}$。其中，$\boldsymbol{T}=\boldsymbol{X}(\boldsymbol{I}-\boldsymbol{X})^{-1}$，$\boldsymbol{I}$ 为单位矩阵。综合影响矩阵 $\boldsymbol{T}$ 直接作为 ANP 模型的未加权超矩阵，经过 ANP 运算，相继求得加权超矩阵和极限超矩阵。

又次，确定风险指标因果关系。在综合影响矩阵 $\boldsymbol{T}$ 中，计算各行风险要素之和 d_i，d_i 表示第 i 个行要素对其他要素的综合影响值；计算各列风险要素之和 r_i，r_i 表示第 i 个列要素受到所有其他要素的综合影响值。要素 i 的影响度 d_i 和被影响度 r_i 之差为该风险要素的原因度，记作 d_i-r_i。若 $d_i-r_i>0$，表明该风险要素对其他风险要素的影响大于其他风险要素对其自身的影响，称该风险要素为驱动要素，该差值越大，说明该风险要素对其他要素的影响越大；反之，则称该风险要素为结果要素。在区分所有风险要素的基础上构建风险要素因果关系图。

最后，进行风险要素排序，确定关键风险要素。将风险要素 i 的影响度 d_i 和被影响度 r_i 相加得到该风险要素的中心度，记作 d_i+r_i，表示该风险要素在整个认证风险体系中所起作用的大小。同时，根据 ANP 模型计算各风险要素的权重 w_i，进而计算各风险要素的加权中心度 $w_i(d_i+r_i)$，最终根据加权中心度进行要素排序并确定关键风险要素。

综上所述，基于 DEMATEL-ANP 的绿色产品认证关键风险点识别模型如图 4-6 所示。

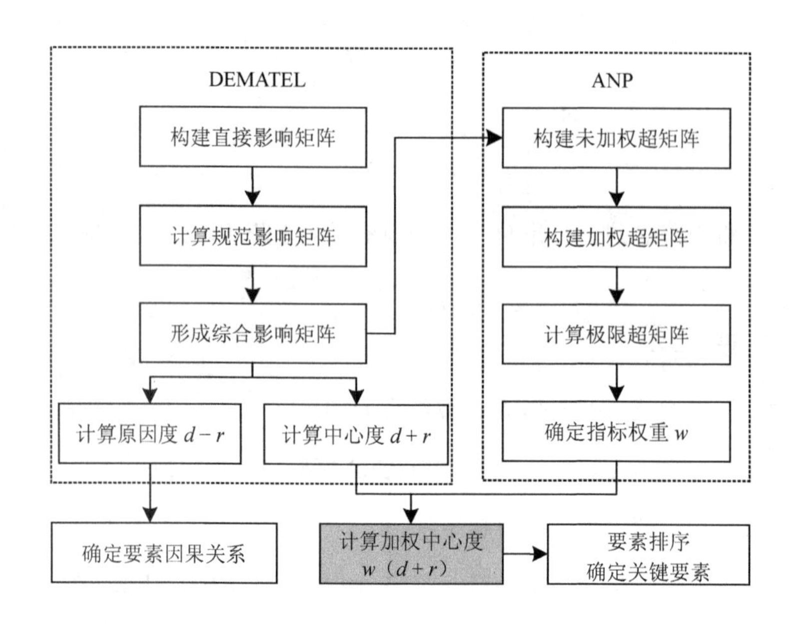

图 4-6 基于 DEMATEL-ANP 的绿色产品认证关键风险点识别模型

4.3.2 基于 DEMATEL-ANP 模型的绿色产品认证关键风险点识别示例

（1）绿色产品认证风险要素筛选

为降低建模复杂度，针对表 3-3 中的绿色产品认证风险要素初始集合，采用专家打分法对各风险要素在绿色产品认证风险体系中的必要度进行测度，精简必要度较低的风险要素。

邀请 5 位来自建材、家居、纺织等领域具有丰富实践经验和理论背景的专家，以背靠背的方式进行打分，采用 0～10 分打分法，0 分代表该风险要素不必要，10 分代表该风险要素十分必要。采用各风险要素的得分均值和离散系数两个指标进行风险要素必要度判断，具体判定规则如下：①考虑各风险要素得分均值，若得分均值过低，说明该风险要素必要度低，需在要素集中予以剔除；②考虑各风险要素得分的离散系数，离散系数过高，说明专家意见分歧较大，没有形成共识，需在要素集中予以剔除。以6分为必要度均值的临界值，以0.2为离散系数临界值，最终剔除机构实力、社会信用、企业所有制性质、人员专业能力与职业素养、分包检测机构资质、与企业沟通频度等6项风险要素，剩余12项风险要素。具体如表4-11所示。

表4-11　绿色产品认证风险要素集合必要度分析

维度	风险要素	指标必要性打分（0～10）					均值	标准差	离散系数	是否剔除	变量编号
		①	②	③	④	⑤					
认证机构	从业年限	6	6	8	6	8	6.8	1.095	0.161	否	x_1
	认证经验	8	8	7	8	10	8.2	1.095	0.134	否	x_2
	机构实力	3	6	6	5	8	5.6	1.817	0.324	是	剔除
	公正性	10	10	8	7	10	9.0	1.414	0.157	否	x_3
	管理规范度	8	9	8	7	9	8.2	0.837	0.102	否	x_4
委托企业	社会信用	3	3	7	5	6	4.8	1.789	0.373	是	剔除
	企业所有制性质	2	6	6	6	6	5.2	1.789	0.344	是	剔除
	企业经营规模	8	8	8	7	9	8.0	0.707	0.088	否	x_5
	企业技术、管理满足度	7	8	7	6	9	7.4	1.140	0.154	否	x_6
认证业务	“涉绿”指标数量	7	6	8	8	10	7.8	1.483	0.190	否	x_7
	“涉绿”指标检测难度	6	7	8	9	10	8.0	1.581	0.198	否	x_8
	业务多场所属性	8	7	7	8	10	8.0	1.225	0.153	否	x_9
认证实施	人员数量配备	10	8	9	6	9	8.4	1.517	0.181	否	x_{10}
	人员专业能力与职业素养	7	6	8	5	9	7.0	1.581	0.226	是	剔除
	“涉绿”指标检查覆盖度	7	9	7	7	10	8.0	1.414	0.177	否	x_{11}
	抽样规范化程度	9	9	10	6	10	8.8	1.643	0.187	否	x_{12}
	分包检测机构资质	3	6	7	5	9	6.0	2.236	0.373	是	剔除
	与企业沟通频度	5	9	8	6	10	7.6	2.074	0.273	是	剔除

（2）风险要素综合影响矩阵计算

基于表 4-11 确定的绿色产品认证风险要素集合，采用问卷调查法获取各风险要素间的内在影响关系。问卷采用 0～2 三级打分法，0 代表两风险要素间无影响，1 代表两风险要素之间存在一般影响，2 代表两风险要素之间存在较大影响。调研过程中邀请 8 位绿色产品认证领域专家以座谈的形式开展调查：首先明确界定各类风险要素的含义，其次采用匿名问卷的形式进行数据采集，最后对所有受访专家的问卷结果进行汇总，结果如表 4-12 所示。

表 4-12　绿色产品认证风险要素直接影响矩阵

要素	x_1	x_2	x_3	x_4	x_5	x_6	x_7	x_8	x_9	x_{10}	x_{11}	x_{12}
x_1	0.000	1.750	1.750	1.875	0.375	0.375	0.625	1.250	0.625	1.500	1.500	2.000
x_2	0.375	0.000	1.500	1.750	0.625	0.625	1.000	1.625	0.750	1.375	1.875	2.000
x_3	0.625	0.500	0.000	1.500	0.625	0.500	0.500	0.500	0.625	1.375	1.625	1.875
x_4	0.500	0.875	1.625	0.000	0.625	0.375	0.750	1.125	0.875	1.750	1.625	2.000
x_5	0.250	0.500	0.625	0.750	0.000	1.875	1.125	1.000	1.375	1.375	1.250	1.000
x_6	0.000	0.250	0.750	0.875	1.500	0.000	1.375	1.250	1.250	1.375	1.250	0.750
x_7	0.375	0.625	1.125	0.750	0.625	1.125	0.000	1.125	1.125	1.875	1.500	1.000
x_8	0.500	0.750	1.000	0.625	0.125	0.875	0.500	0.000	0.500	1.625	1.375	1.250
x_9	0.125	0.625	0.625	0.500	0.875	1.250	0.875	1.500	0.000	1.750	1.625	1.375
x_{10}	0.375	0.625	1.000	0.750	0.500	0.125	0.500	0.875	0.750	0.000	1.500	1.500
x_{11}	0.250	0.875	1.250	1.125	0.375	0.750	0.875	1.000	0.750	1.625	0.000	1.250
x_{12}	0.375	0.625	1.625	1.750	0.000	0.750	0.625	1.125	0.750	1.375	1.750	0.000

对表 4-12 所示的直接影响矩阵进行标准化转换，得到规范影响矩阵 $\boldsymbol{X}$ 如表 4-13 所示。

表 4-13　绿色产品认证风险要素规范影响矩阵

要素	x_1	x_2	x_3	x_4	x_5	x_6	x_7	x_8	x_9	x_{10}	x_{11}	x_{12}
x_1	0.000 0	0.128 4	0.128 4	0.137 6	0.027 5	0.027 5	0.045 9	0.091 7	0.045 9	0.110 1	0.110 1	0.146 8
x_2	0.027 5	0.000 0	0.110 1	0.128 4	0.045 9	0.045 9	0.073 4	0.119 3	0.055 0	0.100 9	0.137 6	0.146 8
x_3	0.045 9	0.036 7	0.000 0	0.110 1	0.045 9	0.036 7	0.036 7	0.036 7	0.045 9	0.100 9	0.119 3	0.137 6
x_4	0.036 7	0.064 2	0.119 3	0.000 0	0.045 9	0.027 5	0.055 0	0.082 6	0.064 2	0.128 4	0.119 3	0.146 8
x_5	0.018 3	0.036 7	0.045 9	0.055 0	0.000 0	0.137 6	0.082 6	0.073 4	0.100 9	0.100 9	0.091 7	0.073 4
x_6	0.000 0	0.018 3	0.055 0	0.064 2	0.110 1	0.000 0	0.100 9	0.091 7	0.091 7	0.100 9	0.091 7	0.055 0
x_7	0.027 5	0.045 9	0.082 6	0.055 0	0.045 9	0.082 6	0.000 0	0.082 6	0.082 6	0.137 6	0.110 1	0.073 4
x_8	0.036 7	0.055 0	0.073 4	0.045 9	0.009 2	0.064 2	0.036 7	0.000 0	0.036 7	0.119 3	0.100 9	0.091 7
x_9	0.009 2	0.045 9	0.045 9	0.036 7	0.064 2	0.091 7	0.064 2	0.110 1	0.000 0	0.128 4	0.119 3	0.100 9
x_{10}	0.027 5	0.045 9	0.073 4	0.055 0	0.036 7	0.009 2	0.036 7	0.064 2	0.055 0	0.000 0	0.110 1	0.110 1
x_{11}	0.018 3	0.064 2	0.091 7	0.082 6	0.027 5	0.055 0	0.064 2	0.073 4	0.055 0	0.119 3	0.000 0	0.091 7
x_{12}	0.027 5	0.045 9	0.119 3	0.128 4	0.000 0	0.055 0	0.045 9	0.082 6	0.055 0	0.100 9	0.128 4	0.000 0

进一步利用公式$\boldsymbol{T}=\boldsymbol{X}(\boldsymbol{I}-\boldsymbol{X})^{-1}$计算综合影响矩阵，如表 4-14 所示。

表 4-14　绿色产品认证风险要素综合影响矩阵

要素	x_1	x_2	x_3	x_4	x_5	x_6	x_7	x_8	x_9	x_{10}	x_{11}	x_{12}
x_1	0.121 8	0.344 9	0.495 0	0.480 3	0.192 1	0.251 9	0.282 4	0.422 9	0.300 8	0.570 7	0.575 9	0.587 4
x_2	0.143 6	0.217 3	0.462 8	0.454 2	0.204 7	0.266 4	0.300 7	0.435 4	0.303 4	0.550 2	0.582 5	0.566 5
x_3	0.133 5	0.206 3	0.283 5	0.365 3	0.168 9	0.207 3	0.216 9	0.290 9	0.240 2	0.447 5	0.464 8	0.462 7
x_4	0.140 1	0.255 8	0.433 6	0.305 7	0.187 7	0.227 0	0.260 1	0.369 8	0.285 5	0.526 1	0.521 3	0.523 3
x_5	0.109 7	0.210 6	0.334 0	0.321 8	0.143 0	0.316 5	0.275 0	0.341 9	0.306 5	0.470 7	0.460 0	0.418 0
x_6	0.089 9	0.185 5	0.326 3	0.313 5	0.233 9	0.184 8	0.279 5	0.342 1	0.287 7	0.452 6	0.440 8	0.384 9
x_7	0.121 2	0.222 3	0.371 1	0.327 3	0.182 7	0.263 2	0.195 2	0.348 8	0.287 4	0.503 4	0.479 3	0.425 6
x_8	0.114 3	0.201 4	0.316 6	0.277 2	0.122 9	0.209 8	0.195 7	0.224 9	0.208 1	0.420 9	0.407 1	0.382 6
x_9	0.101 9	0.217 6	0.332 6	0.304 6	0.195 5	0.270 6	0.252 9	0.368 4	0.207 8	0.488 2	0.479 1	0.438 6
x_{10}	0.102 3	0.185 8	0.303 8	0.273 2	0.138 4	0.156 6	0.186 3	0.272 9	0.214 5	0.297 4	0.398 3	0.382 7
x_{11}	0.106 7	0.223 9	0.357 8	0.331 7	0.152 4	0.220 1	0.237 2	0.317 4	0.243 9	0.455 3	0.349 6	0.414 8
x_{12}	0.121 0	0.219 3	0.399 7	0.387 4	0.134 6	0.226 6	0.230 4	0.338 4	0.253 2	0.460 9	0.484 7	0.352 9

（3）关键风险要素及其因果关系确定

对表 4-14 中各行元素进行汇总加和求得各风险要素的影响度，对各列元素进行汇总加和求得各风险要素的被影响度，进而求得各风险要素的中心度和原因度；按照各风险要素的原因度确定要素类型。分析结果如表 4-15 所示。

表 4-15　绿色产品认证风险要素中心度和原因度

要素	d	r	$d+r$	$d-r$	类型
x_1	4.626 1	1.405 9	6.032 0	3.220 2	驱动要素
x_2	4.487 6	2.690 8	7.178 4	1.796 8	驱动要素
x_3	3.487 8	4.416 6	7.904 4	−0.928 8	结果要素
x_4	4.036 0	4.142 4	8.178 4	−0.106 4	结果要素
x_5	3.707 6	2.056 8	5.764 4	1.650 8	驱动要素
x_6	3.521 4	2.800 7	6.322 1	0.720 7	驱动要素
x_7	3.727 5	2.912 3	6.639 8	0.815 2	驱动要素
x_8	3.081 5	4.073 8	7.155 3	−0.992 3	结果要素
x_9	3.657 8	3.139 0	6.796 8	0.518 8	驱动要素
x_{10}	2.912 4	5.643 8	8.556 2	−2.731 4	结果要素
x_{11}	3.410 7	5.643 4	9.054 1	−2.232 7	结果要素
x_{12}	3.609 1	5.340 0	8.949 1	−1.730 9	结果要素

由表 4-15 可知，绿色产品认证风险要素集中，属于驱动要素的有从业年限（x_1），认证经验（x_2），企业经营规模（x_5），企业技术、管理满足度（x_6），“涉绿”指标数量（x_7）和业务多场所属性（x_9），这些风险要素均属于绿色产品认证风险的直接来源；属于结果要素的有公正性（x_3）、管理规范度（x_4）、“涉绿”指标检测难度（x_8）、人员数量配备（x_{10}）、“涉绿”指标检查覆盖度（x_{11}）和抽样规范化程度（x_{12}），这些风险要素均属于绿色产品认证风险的间接来源，其风险度可以通过对驱动风险要素的管控而降低。

进一步将表 4-14 所示的综合影响矩阵作为 ANP 模型的未加权超矩阵，计算加权超矩阵，进而得到极限超矩阵（表 4-16），由表 4-16 可得各风险要素的权重系数。

表 4-16　绿色产品认证风险要素极限超矩阵

要素	x_1	x_2	x_3	x_4	x_5	x_6	x_7	x_8	x_9	x_{10}	x_{11}	x_{12}
x_1	0.103 2	0.103 2	0.103 2	0.103 2	0.103 2	0.103 2	0.103 2	0.103 2	0.103 2	0.103 2	0.103 2	0.103 2
x_2	0.100 2	0.100 2	0.100 2	0.100 2	0.100 2	0.100 2	0.100 2	0.100 2	0.100 2	0.100 2	0.100 2	0.100 2
x_3	0.079 7	0.079 7	0.079 7	0.079 7	0.079 7	0.079 7	0.079 7	0.079 7	0.079 7	0.079 7	0.079 7	0.079 7
x_4	0.091 2	0.091 2	0.091 2	0.091 2	0.091 2	0.091 2	0.091 2	0.091 2	0.091 2	0.091 2	0.091 2	0.091 2
x_5	0.084 0	0.084 0	0.084 0	0.084 0	0.084 0	0.084 0	0.084 0	0.084 0	0.084 0	0.084 0	0.084 0	0.084 0
x_6	0.079 9	0.079 9	0.079 9	0.079 9	0.079 9	0.079 9	0.079 9	0.079 9	0.079 9	0.079 9	0.079 9	0.079 9
x_7	0.084 2	0.084 2	0.084 2	0.084 2	0.084 2	0.084 2	0.084 2	0.084 2	0.084 2	0.084 2	0.084 2	0.084 2
x_8	0.070 1	0.070 1	0.070 1	0.070 1	0.070 1	0.070 1	0.070 1	0.070 1	0.070 1	0.070 1	0.070 1	0.070 1
x_9	0.082 1	0.082 1	0.082 1	0.082 1	0.082 1	0.082 1	0.082 1	0.082 1	0.082 1	0.082 1	0.082 1	0.082 1
x_{10}	0.066 5	0.066 5	0.066 5	0.066 5	0.066 5	0.066 5	0.066 5	0.066 5	0.066 5	0.066 5	0.066 5	0.066 5
x_{11}	0.077 6	0.077 6	0.077 6	0.077 6	0.077 6	0.077 6	0.077 6	0.077 6	0.077 6	0.077 6	0.077 6	0.077 6
x_{12}	0.081 3	0.081 3	0.081 3	0.081 3	0.081 3	0.081 3	0.081 3	0.081 3	0.081 3	0.081 3	0.081 3	0.081 3

结合表 4-15 中风险要素的中心度和表 4-16 中风险要素的权重系数，计算各风险要素的加权中心度，根据加权中心度对各风险要素进行排序，结果如表 4-17 所示。

表 4-17　绿色产品认证风险要素综合排序

维度	风险要素	中心度	权重	加权中心度	排序
认证机构	从业年限（x_1）	6.032 1	0.103 2	0.622 6	6
	认证经验（x_2）	7.178 4	0.100 2	0.719 2	3
	公正性（x_3）	7.904 4	0.079 7	0.630 1	5
	管理规范度（x_4）	8.178 3	0.091 2	0.745 8	1

维度	风险要素	中心度	权重	加权中心度	排序
委托企业	企业经营规模（x_5）	5.764 4	0.084 0	0.484 0	12
	企业技术、管理满足度（x_6）	6.322 2	0.079 9	0.504 9	10
认证业务	“涉绿”指标数量（x_7）	6.639 8	0.084 2	0.559 1	8
	“涉绿”指标检测难度（x_8）	7.155 2	0.070 1	0.501 3	11
	业务多场所属性（x_9）	6.796 8	0.082 1	0.558 0	9
认证实施	人员数量配备（x_{10}）	8.556 2	0.066 5	0.569 4	7
	“涉绿”指标检查覆盖度（x_{11}）	9.054 0	0.077 6	0.702 7	4
	抽样规范化程度（x_{12}）	8.949 1	0.081 3	0.727 8	2

根据加权中心度最终确定排序前六位的绿色产品认证关键风险要素分别是：管理规范度（x_4）、抽样规范化程度（x_{12}）、认证经验（x_2）、“涉绿”指标检查覆盖度（x_{11}）、公正性（x_3）、从业年限（x_1）。结合表 4-15 中所确定的风险要素因果关系和表 4-17 中各风险要素的排序，最终形成绿色产品认证关键风险要素因果关系图（图 4-7），图中“+”代表驱动要素，“−”代表结果要素，灰色底纹要素为关键风险要素。

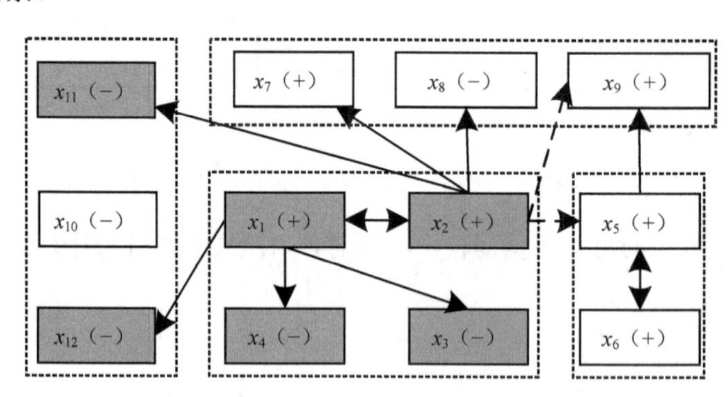

图 4-7　绿色产品认证关键风险要素因果关系

（4）绿色产品认证风险管控对策建议

如表 4-17 和图 4-7 所示，认证机构和认证实施是绿色产品认证重要的风险来源。具体来说，认证机构中的认证经验、公正性、管理规范度，认证实施中的“涉绿”指标检查覆盖度、抽样规范化程度均属于绿色产品认证关键风险要素。与委托企业相关的企业经营规模、企业技术、管理满足度，以及与认证业务相关的“涉绿”指标数量、“涉绿”指标检测难度、业务多场所属性也是绿色产品认证的风险来源，但它们并不属于关键风险要素。结合以上结果，提出绿色产品认证风险管控对策如下：

1）认证机构中的管理规范度是排在首位的关键风险要素。认证机构是否切实认真贯彻、执行国家有关的认证实施规则和制度，是否建立完善的认证实施管理办法并严格执行，认证相关人员的选拔、培训、继续教育、业绩评价是否科学合理，都会影响绿色产品认证风险度。因此，认证机构在开展认证业务时，应加强自身规范化建设，这样才能应对各类认证风险。但需要注意的是，认证机构管理规范度属于结果要素，主要受认证机构从业年限的影响，这意味着认证机构需要在长期的从业过程中不断完善自身管理规范度。

2）认证机构中的从业年限和认证经验是关键驱动要素。其中，从业年限对其认证经验、公正性、管理规范程度有决定性影响，同时还会显著影响认证实施中的人员数量配备和抽样规范化程度。因此，那些长期在认证领域开展认证业务的认证机构具有丰富的认证经验，具备较为规范的认证管理体系，能够确保认证的公正性；在开展认证时，能够配备必要的人员，规范化地开展相关业务操作。认证经验对“涉绿”指标检测难度、“涉绿”指标检查覆盖度、“涉绿”指标数量有决定性影响，表明具有丰富认证经验的认证机构在开展认证业务时能够保障“涉绿”指标检查覆盖度，进而有效降低认证业务“涉绿”指标多、检测难度大带来的风险。因此，对于从业年限较短、认证经验欠缺的认证机构，监管部门要加强对其认证业务的抽查监管。

3）认证机构中的公正性对绿色产品认证总体风险有重要影响。如果没有公正性作保障，认证机构颁发的绿色标识证书就无权威性可言。公正性主要体现在认证机构是否以营利为目的、是否建立最高层次的维护公正性委员会、运营管理是否独立、是否与委托企业存在利益关系、是否发布公正性声明并严格执行、是否建立约束认证人员行为的规范制度、是否对委托申请人有歧视行为等方面。认证机构应从上述方面检验自身公正性建设。

4）认证实施中的“涉绿”指标检查覆盖度对绿色产品认证总体风险有重要影响。若认证机构减少认证检查中的人力、物力投入，私自减少“涉绿”指标检查的数量，或只做表面文章，不深入针对“涉绿”指标开展检查，将会造成认证风险增加。因此，在认证实施过程中必须要严格执行国家或行业的有关认证制度、认证实施规范，不能低于国家规定的“涉绿”指标检查覆盖度。监管部门应当对认证机构在认证过程中的人力、物力投入以及“涉绿”指标检查情况进行抽检，确保认证工作保质保量地开展。

5）认证实施中的抽样规范化程度对绿色产品认证总体风险有重要影响。抽样规范化主要表现在：同一认证单元不同产品类别是否均进行了抽样、待检验产品的抽样数量是否符合认证规范要求、抽样的方式是否科学合理、抽样检验的机构是否具有相应资质等方面。如果抽样检验环节不规范，将会使认证风险增加，因此认证实施中需加强抽样管理。此外，由图 4-7 可知，抽样规范化程度是结果要素，主要受认证机构从业年限的影响，即具有较长从业年限的认证机构抽样作业相对规范，监管部门应加强对初创认证机构抽样作业环节的监督检查。

6）与委托企业和认证业务相关的风险要素也是绿色产品认证风险的来源，但从实证研究结果来看，这两类风险不属于关键风险控制要素，企业经营规模大小，技术、管理满足度大小，认证业务的难度大小，都不会对认证风险高低起决定性作用。原因在于：认证委托企业和认证业务本身只是认证的客体，属于风险系统的外因，而外因通过内因起作用，只要认证机构具有相应的从业经验和规范的认证管理，在认证实施过程中严格执行认证实施规范，公正地开展认证业务，配备必要充足的人力资源，就能规避认证客体可能带来的风险。

7）认证机构中的认证经验会直接影响与委托企业规模相关的风险。相较于一般认证机构，具有丰富经验的认证机构能够有效识别中小企业绿色产品生产过程中管理不规范、资源能源节约措施不到位、环保技术和设备落后等方面可能隐含的风险，并加以纠正和管控。同时，认证经验也会直接影响认证业务多场所属性带来的风险，认证业务的多场所属性可能会带来认证业务复杂度的提高，认证人员需要到多个业务场所进行现场检查和产品抽样，同时需要整合不同业务场所的检验检查结果并做出判断，这势必会增加认证的难度和工作量，而丰富的认证经验能够有效规避这些方面的风险。

4.4　本章小结

本章针对绿色产品认证关键风险点识别问题进行研究，探索了不同情境下关键风险点识别的方法。首先，在各风险点相互独立的情境下，运用 AHP 和熵权法相结合的组合赋权模型进行关键风险点识别，这既考虑了领域专家经验，又充分利用了客观数据提供的有效信息。其次，在考虑风险点内在影响关系的情境下，又细分为两种情形，若仅考虑粗粒度的有无影响关系，则采用 ISM-ANP 模型，探索风险点层次划分、影响关系以及权重确定；若考虑风险点之间相互影响关系强度的大小，则采用 DEMATEL-ANP 模型，探索风险点类型划分以及关键风险点识别问题。

第 5 章

绿色产品认证风险智能评价

随着绿色产品认证在全国范围内的实施，认证业务量激增，此时由人工对每一项认证业务进行风险评价就会遇到困境。大数据分析与处理技术的发展为破解这一困境提供了可能。本章探讨基于 BP 神经网络模型和概率神经网络模型的智能风险评价方法，以适应海量认证业务情境下风险评价的需求。

5.1 基于 BP 神经网络模型的绿色产品认证风险智能评价

绿色产品认证风险评价属于多准则、高维度、非线性评价问题，传统的风险评价方法难以依据高维风险数据实时、准确地进行风险评价。BP 神经网络具有很强的非线性映射能力和柔性的网络结构，能够根据研究问题的需要设置网络的输入层、中间层和输出层的神经元个数，寻找绿色产品认证过程中各风险要素与最终风险等级之间的潜在关系，确定近似或最优的风险函数，满足大数据时代绿色产品认证风险评价智能化的需要。

本节探索构建绿色产品认证风险评价 BP 神经网络模型（简称 BP 模型），同时针对模型在高维度、大数据量复杂问题求解时存在的收敛速度慢和局部最优问题，在经典 BP 模型的基础上，进一步选择 L-M 算法和量化共轭梯度（SGG）算法对经典 BP 模型进行改进，构建两个改进 BP 模型的绿色产品认证风险评价模型，以提高迭代效率，实现全局优化。

5.1.1　经典 BP 模型及原理

BP 神经网络是 1986 年由 Rumelhart 和 McClelland 为首的科学家提出的概念，是一种按照误差逆向传播算法训练的多层前馈神经网络，是应用最广泛的神经网络[67]。BP 神经网络主要通过梯度下降算法进行网络的权值优化，其基本原理是：将输出层实际输出与期望输出的差值作为误差信号，对误差信号采用损失函数对其进行描述；基于损失函数，采用优化算法，从输出层到输入层逐步调整参数，最终使得损失函数输出值最小，此时网络的误差也就最小，网络的学习结束[68]。BP 神经网络结构如图 5-1 所示。

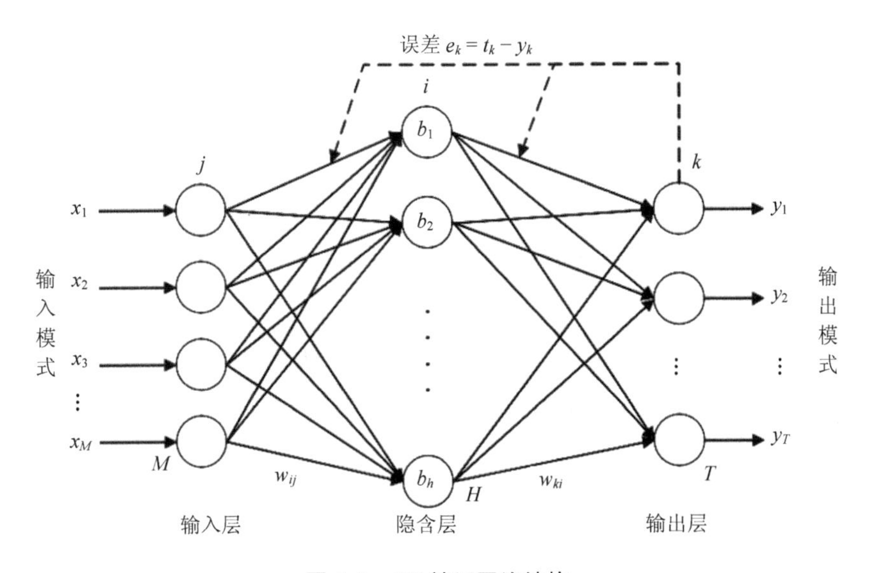

图 5-1　BP 神经网络结构

图 5-1 所示的 BP 神经网络由三层结构组成，假设输入层节点数为 M，隐含层节点数为 H，输出层节点数为 T。其中，神经网络的输入向量为（x_1，x_2，…，x_M），网络的实际输出向量为（y_1，y_2，…，y_T），网络的期望输出向量为（t_1，t_2，…，t_T），网络的输出误差向量为实际输出向量和期望输出向量的差值，记为 e_k（1，2，…，T）。BP 神经网络算法涉及的变量如表 5-1 所示。

表 5-1 BP 神经网络变量说明

符号	解释说明	符号	解释说明
p	第 p 个样本	N	样本总数
x_j^p	样本 p 在输入层节点 j 的输入	η	学习率
o_j^p	样本 p 在输入层节点 j 的输出	δ_k^p	输出层神经元梯度方向
w_{ij}	输入层 j 节点与隐含层 i 节点之间的权值	o_k^p	输出层 k 节点在样本 p 下的输出
θ_i	隐含层 i 节点的阈值	o_i^p	隐含层 i 节点在样本 p 下的输出
w_{ki}	隐含层 i 节点与输出层 k 节点之间的权值	t_k^p	输出层 k 节点在样本 p 下的期望输出
θ_k	输出层 k 节点的阈值	δ_i^p	隐含层神经元梯度方向
$g(\cdot)$	隐含层激活函数	$f(\cdot)$	输出层激活函数

假设使用样本 p 对网络进行训练，隐含层第 i 个节点在样本 p 下的输入 net_i^p 如式（5.1）所示：

$$\text{net}_i^p = \sum_{j=1}^{M} w_{ij} o_j^p - \theta_i = \sum_{j=1}^{M} w_{ij} x_j^p - \theta_i \tag{5.1}$$

其中，对于输入层来说，其节点的输入与输出相等。

隐含层第 i 个节点的输出如式（5.2）所示：

$$o_i^p = g(\text{net}_i^p) \tag{5.2}$$

输出层第 k 个节点的输入 net_k^p 如式（5.3）所示：

$$\text{net}_k^p = \sum_{i=1}^{q} w_{ki} o_i^p - \theta_k \tag{5.3}$$

输出层的第 k 个节点的输出如式（5.4）所示：

$$o_k^p = f(\mathrm{net}_k^p) \tag{5.4}$$

输出层神经元的输出 o_k^p 即为当前样本的实际输出，由于当前样本的期望输出为 t_k^p，通常情况下 o_k^p 和 t_k^p 不相等，它们之间的差值称为误差信号，误差信号从输出层向后传播，对于样本 p，其损失函数如式（5.5）所示：

$$J_p = \frac{1}{2}\sum_{k=1}^{L}(t_k^p - o_k^p)^2 \tag{5.5}$$

根据优化定理，权值应该按 J_p 函数的负梯度方向调整，根据梯度下降法，得到输出层与隐含层节点以及隐含层与输入层节点的权值变化，分别如式（5.6）和式（5.7）所示。

$$\Delta w_{ki} = \eta \delta_k^p o_i^p = \eta o_k^p (1 - o_k^p)(t_k^p - o_k^p) o_i^p \tag{5.6}$$

$$\Delta w_{ij} = \eta \delta_i^p o_j^p = \eta \left[\sum_{k=1}^{L} (\delta_k^p) \cdot w_{ij} \right] \cdot o_i^p (1 - o_i^p) \tag{5.7}$$

5.1.2　绿色产品认证风险评价 BP 模型结构设计

在 BP 模型及原理分析的基础上，结合绿色产品认证风险评价的现实情况，进行神经网络结构设计。BP 神经网络中如果隐含层神经元数目较少，则模型学习能力较弱；如果隐含层的神经元数目太多，则会导致“过拟合”。在绿色产品认证风险评价模型中，输入层节点的数量即风险点数量，输出层节点数量即绿色产品认证风险度，故输入层和输出层节点数量都是已经确定的。针对隐含层节点数量，采用如式（5.8）所示的经验公式进行初步确定，然后在样本的试验过程中调节节点数目来确定神经网络结构。

$$H = \sqrt{I + O} + \alpha \tag{5.8}$$

式中，H 为隐含层神经元数；I 为输入层神经元数；O 为输出层神经元数；α 为调节系数，取值为 1～10 的常数。

在确定各层网络节点的基础上，绿色产品认证风险评价神经网络模型还需确定相关网络参数，本研究在隐含层采用 tan-sigmoid 函数，用于完成输入层到隐含层的数据传递，其函数形式如式（5.9）所示：

$$g(x)=\tan\left(\frac{1}{1+\mathrm{e}^{-x}}\right) \tag{5.9}$$

而在输出层的激活函数采用 log-sigmoid 函数，其函数形式如式（5.10）所示：

$$f(x)=\log\left(\frac{1}{1+\mathrm{e}^{-x}}\right) \tag{5.10}$$

由此建立绿色产品认证风险评价 BP 模型，如图 5-2 所示。

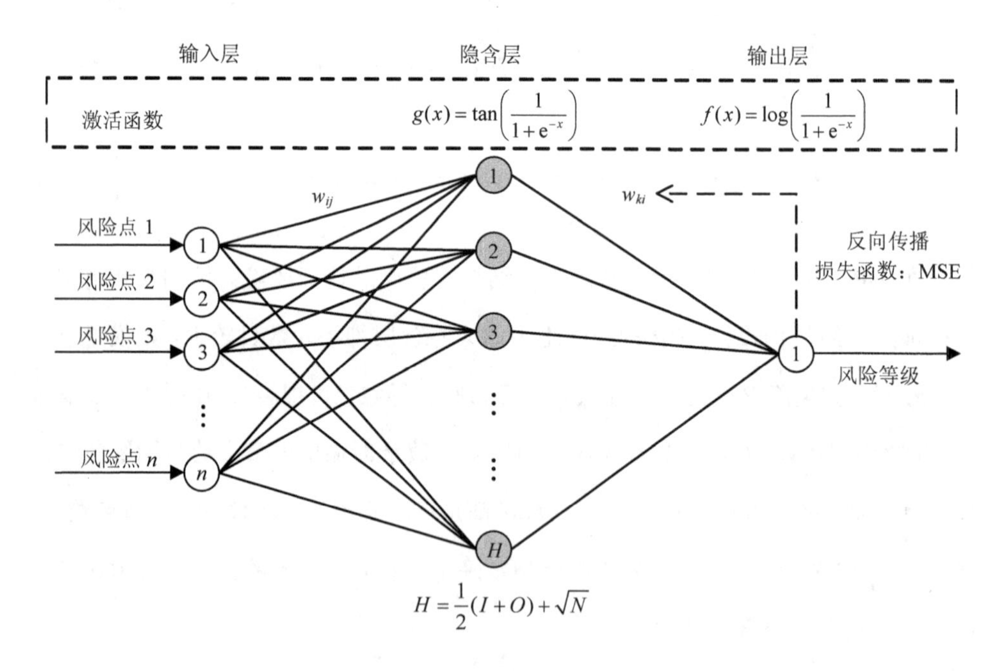

图 5-2　绿色产品认证风险评价 BP 模型

5.1.3 绿色产品认证风险评价改进 BP 模型

经典 BP 算法采用梯度下降法，该算法在初始阶段有很快的下降速度，但是在算法迭代后期，由于梯度变化很小，导致函数收敛速度较慢[69]，本研究提出采用 L-M 算法和 SCG 算法对经典 BP 神经网络进行改进，以提高绿色产品认证风险评价模型的训练速度。

（1）基于 L-M 算法的改进模型

L-M 算法是梯度法与高斯-牛顿法的有效结合，它既有高斯-牛顿法的局部收敛性，又有梯度法的全局收敛性[70]。经典 BP 神经网络中损失函数如式（5.5）所示，在此基础上继续假设第 k 次的权值或阈值向量为 w（k），第 k+1 次的权值或阈值向量为 w（k+1），在 L-M 算法中，权值或阈值的修正量为 $\Delta w=\left[\boldsymbol{J}^{\mathrm{T}}(w)\boldsymbol{J}(w)+\eta\boldsymbol{I}\right]^{-1}\boldsymbol{J}^{\mathrm{T}}(w)e(w)$，式中，$\boldsymbol{I}$ 为单位矩阵，$\boldsymbol{J}(w)$为雅克比矩阵[71]。该算法的优点在于算法初始阶段具有经典 BP 神经网络的下降速度，在接近误差极小值时，具有高斯-牛顿法的优点，收敛速度快。

（2）基于 SCG 算法的改进模型

梯度下降法每次直接选取当前点的梯度方向，存在重复搜索的情况，共轭梯度法则每一次搜索都会保证之前的维度维持在最小值，每组方向两两共轭，因此收敛较快，而 SCG 算法则在此基础上解决了步长计算的线性问题，可实现精确地计算步长[72]。

绿色产品认证风险评价改进 BP 模型，如图 5-3 所示。

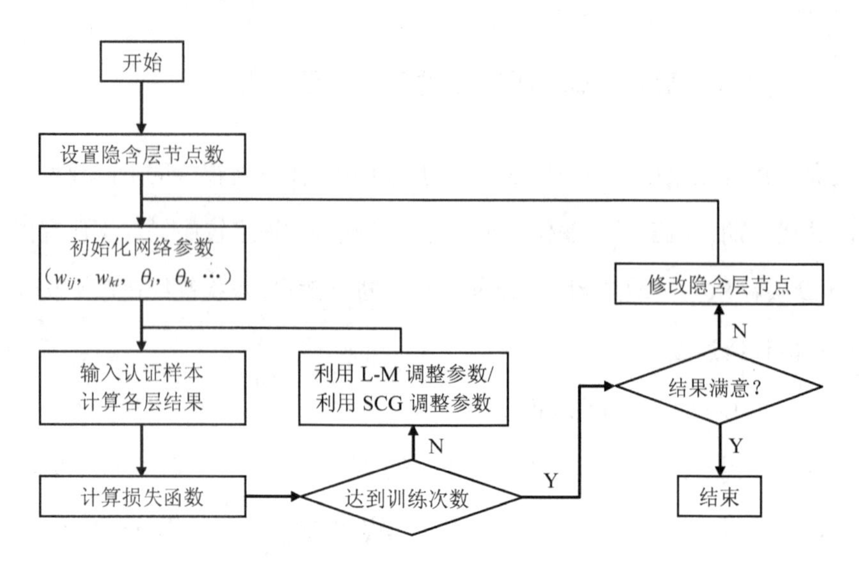

图 5-3　绿色产品认证风险评价改进 BP 模型

5.1.4　基于 BP 神经网络的绿色产品认证风险评价示例

本示例研究以“3.3.1 基于认证业务流程视角的风险识别”和“3.3.3 基于关键认证要素视角的风险识别”为基础，依托德尔菲法确定最终的风险点体系，包括 11 个风险点，分别为认证机构相关的从业年限风险、认证经验风险、机构实力风险，认证业务相关的“涉绿”指标数量风险、“涉绿”指标检测难度风险、委托企业相关风险，认证业务流程相关的认证申请风险、资料技术评审风险、现场检查风险、产品抽样检验风险、获证后监督风险。上述 11 个风险点作为 BP 神经网络模型的输入层节点，记为 x_i（i=1，2，…，11）。

（1）数据来源与统计描述

现假定对某认证机构的绿色产品认证业务进行随机抽样，抽取 200 项认证业务作为样本数据，样本数据随机分为三组：训练数据集占 70%，验证数据集占 15%，测试数据集占 15%。邀请认证领域专家对各项认证业务的 11 个风险点进行打分，打分规则采用 0～3 四级测度法，其中 0 代表无风险，1 代表低度风险，2 代表中度风险，3 代表高度风险；针对每项认证业务的总体风险度，为保证打分的科学性，采用模糊隶属度打分法，打分步骤为：首先，每位专家给出某认证业务在四个等级风险中的隶属度；其次，计算每位专家风险度打分加权均值；再次，计算 5 位专家针对该项认证业务的风险度打分均值；最后，依次度量各项认证业务的风险度。最终形成样本数据（表 5-2），表中数据均为标准化变换后数据。

表 5-2　BP 神经网络示例数据

序号	x_1	x_2	…	x_{10}	x_{11}	输出值
1	0.667	1.000	…	0.667	0.667	0.648
2	1.000	1.000	…	1.000	0.667	0.871
3	0.000	0.667	…	0.333	0.333	0.139
4	0.667	0.667	…	1.000	1.000	0.643
5	0.333	0.667	…	0.00	1.000	0.499
6	0.000	1.000	…	1.00	0.333	0.425
…	…	…	…	…	…	…
198	0.667	0.333	…	0.000	0.333	0.412
199	0.000	0.667	…	0.333	0.333	0.386
200	0.000	0.000	…	0.667	0.667	0.424

（2）模型结构确定

首先通过试验确定网络结构，然后分别训练经典 BP 模型、基于 L-M 算法改进的 BP 神经网络模型（简称 L-M 改进 BP 模型）和 SCG 算法改进的 BP 神经网络模型（简称 SCG 改进 BP 模型），通过训练结果中均方误差（MSE）、标值与输出、平均值、残差方差等性能表现来确定最佳模型结构，进而构建绿色产品认证风险评价模型。

神经网络结构中隐含层的选择十分宽泛，由于在大多数情况下一个隐含层足以正确执行并取得较好的训练效果，因此本研究在一个隐含层的基础上选择不同隐含层节点个数进行反复试验，使用均方误差对不同网络结构的性能进行评估。

节点数由式（5.8）计算得到，初始节点数设为 5，然后将节点数增加，以 5～10 的隐含层节点数分别进行试验，表 5-3 展示了不同隐含层节点条件下网络训练结果。

表 5-3 不同网络结构下结果性能比较

网络结构	均方误差	相关性	训练次数
11-5-1	5.42×10^{-2}	0.54	134
11-6-1	1.66×10^{-2}	0.62	45
11-7-1	3.53×10^{-2}	0.59	567
11-8-1	5.32×10^{-3}	0.64	332
11-9-1	7.88×10^{-3}	0.66	490
11-10-1	2.36×10^{-3}	0.72	265

通过分析多种网络结构的训练结果，确定网络架构为：11-10-1，该网络结构在时间和性能方面比其他三层结构表现更好。需要注意的是，由于神经网络算法上的随机性，所得最优结果质量高度依赖于用于训练的样本。因此，表 5-3 中训练结果在多次运行时会略有变化。同时，随着网络结构变得越来越复杂，需要更多时间进行训练，结果质量缓慢下降。

（3）模型训练与结果分析

确定 BP 神经网络结构后，利用示例数据进行模型训练。通过实际输出值和目标值，比较学习效果（实际输出）与真实数据（目标值）之间的相似程度。图 5-4 为原始 BP 模型在训练集、验证集和测试集 3 组不同数据组上的表现。

图 5-5 为 L-M 改进 BP 模型在训练集、验证集和测试集 3 组不同的数据组上的表现。

图 5-6 为 SCG 改进 BP 模型在训练集、验证集和测试集 3 组不同的数据组上的表现。

图 5-7 给出了经典 BP 模型、L-M 改进 BP 模型和 SCG 改进 BP 模型在 3 组不同数据集上的残差分布对比。

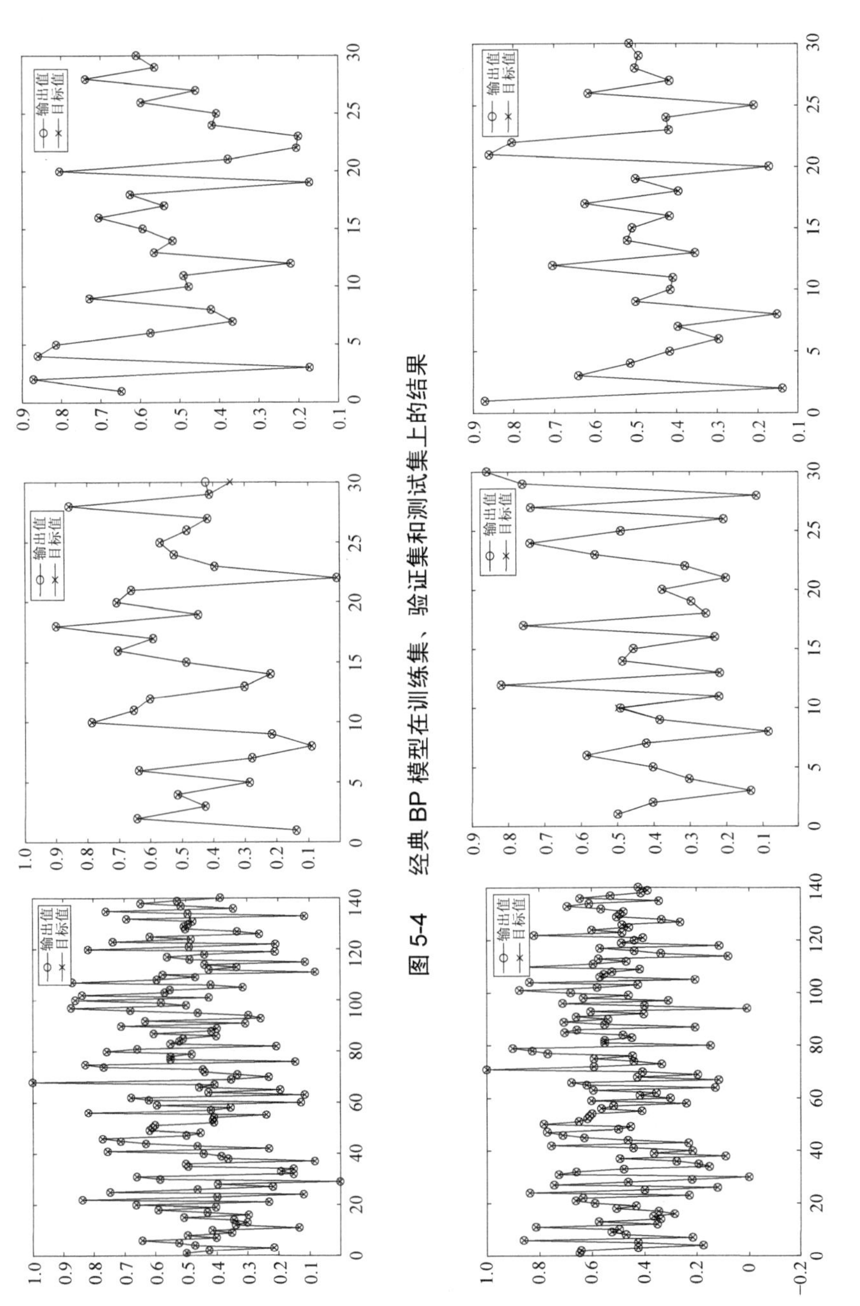

图 5-4　经典 BP 模型在训练集、验证集和测试集上的结果

图 5-5　L-M 改进 BP 模型在训练集、验证集和测试集上的结果

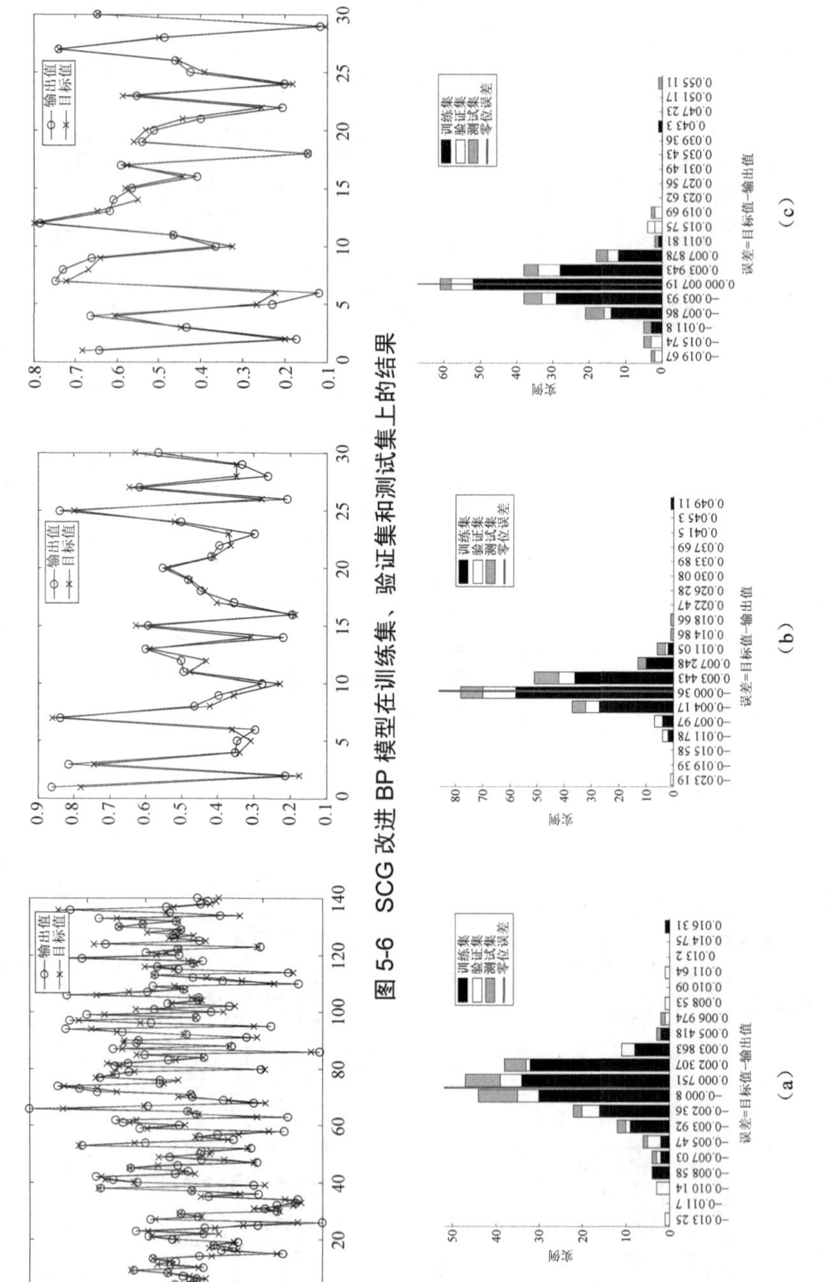

图 5-6 SCG 改进 BP 模型在训练集、验证集和测试集上的结果

图 5-7 经典 BP 模型（a）、L-M 改进 BP 模型（b）、SCG 改进 BP 模型（c）的残差对比

通过对比分析图 5-4～图 5-7 的性能表现，不难发现三种模型在训练集、验证集和测试集上的误差在可接受范围内表现出逐步增加的趋势，残差表现出正态分布，但由于样本数据量较小、样本模型分布不均与模型复杂度过高等因素导致了模型泛化能力较差，即训练过程中模型习得了样本数据中噪点和异常点特征，这种特征在整个数据集中并非共性存在，进而使模型泛化能力降低，使非训练数据上输出结果较差。

经典 BP 模型在 3 个数据集合上所得到的目标与预测误差依次为 0.999 8，0.999 7，0.999 9。实际输出与目标值存在些许误差，但少有结论相反的情况。L-M 改进 BP 模型在 3 个数据集合上所得到目标与预测误差依次为 0.999 4，0.999 4，0.999 0。实际输出与目标值存在些许误差，但少有结论相反的情况。然而，采用 SCG 改进 BP 模型得到的误差依次为 0.977 5，0.984 8，0.969 3。在验证集和测试集上存在较多相反或者极端预测值，结果可靠性比前两者差。

进一步比较三种模型的均方误差趋势变化，结果如图 5-8 所示。图 5-8 中，左图提供了当通过经典 BP 模型训练网络时学习误差下降趋势，中间图提供了当通过 L-M 改进 BP 模型时学习误差下降趋势，右图提供了当通过 SCG 改进 BP 模型时学习误差下降趋势，纵坐标代表模型迭代过程中的均方误差值。

比较可知，整体上训练误差与验证和测试误差存在较大差异，随着迭代次数的增加，最终趋于稳定。中间的图形收敛最快，在第 11 次迭代时可达到最好的训练表现，此时 MSE 值为 $7.430\,2\times10^{-5}$；左图在第 46 次迭代时取得最佳的训练表现，其 MSE 值为 $3.401\,1\times10^{-5}$；右图在第 24 次迭代时取得最佳的训练表现，其 MSE 值为 12.763×10^{-5}。另外，算法的执行时间也是衡量模型性能的指标之一，L-M 改进 BP 模型允许在相对较短的时间内实现，而经典 BP 模型和 SCG 改进 BP 模型在数据量较大的情况下收敛时间要更长一些。

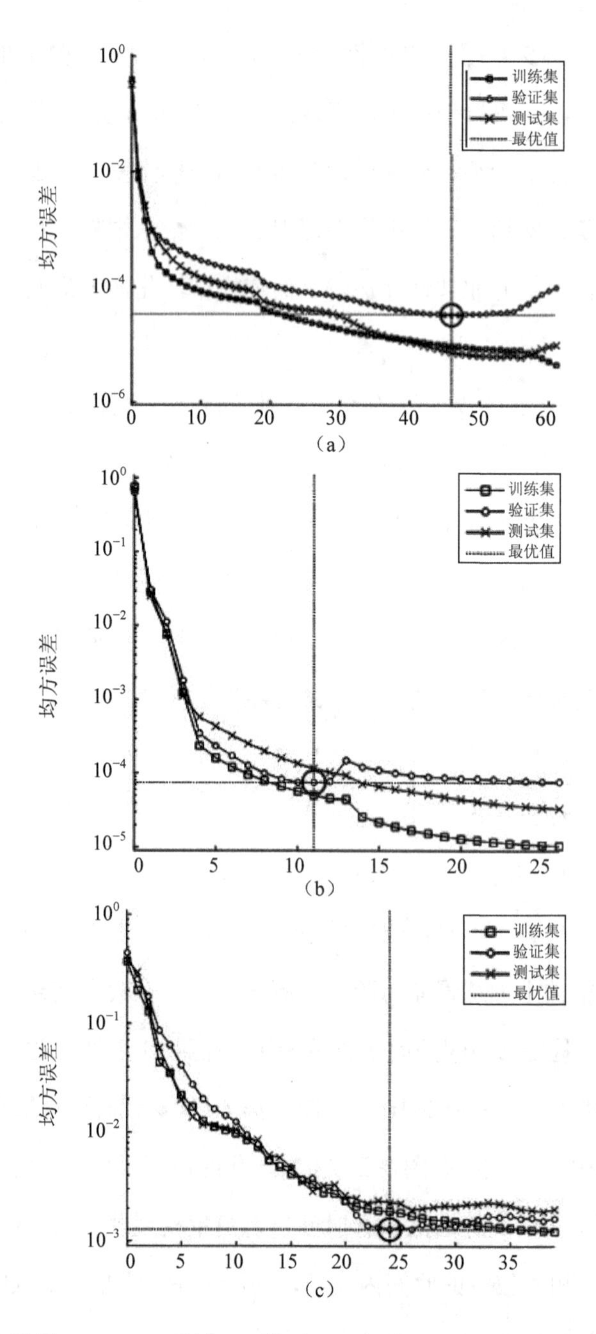

图 5-8 经典 BP 模型（a）、L-M 改进 BP 模型（b）、SCG 改进 BP 模型（c）的均方误差对比

表 5-4 展示了三种模型在实验时各自性能数据。由表中数据可知，L-M 改进 BP 模型在 3 个数据集上的误差与经典 BP 模型相近，且前两种算法的误差均小于 SCG 改进 BP 模型，在训练效率上 L-M 改进 BP 模型的训练时间和梯度下降变化上也优于经典 BP 模型和 SCG 改进 BP 模型。

表 5-4　三种模型性能指标比较

性能指标	经典 BP 模型	L-M 改进 BP 模型	SCG 改进 BP 模型
训练时间	0.03 s	0.02 s	0.03 s
梯度	5.2×10^{-2}	4.2×10^{-3}	8.7×10^{-2}
训练集 MSE	7.3×10^{-3}	6.3×10^{-5}	4.6×10^{-3}
验证集 MSE	8.9×10^{-2}	9.1×10^{-4}	9.2×10^{-2}
测试集 MSE	6.2×10^{-2}	2.2×10^{-3}	9.4×10^{-2}

综上，L-M 改进 BP 模型均方误差与经典 BP 模型相近，但其梯度和训练效率均优于经典 BP 模型；L-M 改进 BP 模型相比 SCG 改进 BP 模型无论从均方误差、梯度还是训练效率上都有更好的表现。由此可选择 L-M 改进 BP 模型作为最终绿色产品认证风险评价模型，特别是随着认证业务量的增长，L-M 改进 BP 模型优势更加明显，更适合大数据环境下的绿色产品认证风险评价。

5.2　基于 PNN 模型的绿色产品认证风险智能评价

概率神经网络（Probabilistic Neural Networks，PNN）是 Specht D F 博士于 1989 年提出的。PNN 是径向基神经网络的一个分支，结合了贝叶斯决策理论和概率密度函数估计理论的优势，以 Parzen 函数为激活函数形成了一种前反馈型网络，对于处理模式分类问题有很好的效果，该网络模型结构简洁，具有较快的收敛速度，被广泛应用于多个场景[73, 74]。

5.2.1 PNN 模型基本原理

PNN 模型在贝叶斯规则下，通过 Parzen 窗函数进行条件概率密度的计算，最终输出概率最大的类别[75]。PNN 模型的网络结构属于前反馈型网络，如图 5-9 所示。

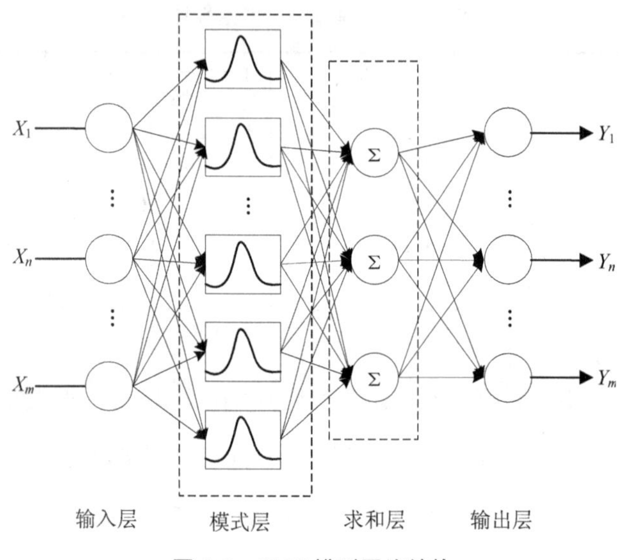

图 5-9 PNN 模型网络结构

1）输入层用来获取训练样本的变量值，输入神经元数量等于输入向量长度，X 为输入层样本指标，Y 为输出层指标。

2）模式层通过连接权重与输入层建立联系，用来计算输入数据与训练集中各评价模式之间的相似度，模式层神经元数量等于样本数量，模式神经元输出如式（5.11）所示：

$$f(X,\omega_i)=\exp\left[-\frac{(X-\omega_i)^{\mathrm{T}}(X-\omega_i)}{2\sigma^2}\right] \tag{5.11}$$

式中，X 为输入层样本指标；ω_i 为输入层到模式层的连接权值；σ 为平滑因子，是分类中的重要调节参数。

3）求和层主要进行模式的概率累加，与模式层相结合实现 Parzen 窗口概率密度估计，模式 i 的概率密度函数估计值用式（5.12）所示的 $f_i(X)$ 表示。

$$f_i(X)=\frac{1}{(2\pi)^{\frac{n}{2}}\sigma^n}\frac{1}{m_i}\sum_{j=1}^{m_i}\exp\left[-\frac{(X-X_{ij})^{\mathrm{T}}(X-X_{ij})}{2\sigma^2}\right] \tag{5.12}$$

式中，n 为训练样本维数；m_i 为模式 i 中的训练样本数；X_{ij} 为模式 i 中的第 j 个训练样本。

4）输出层负责输出求和层中评分最高的那一类别，不同的神经元代表不同的模式类别（风险等级），通过贝叶斯决策理论实现模式分类，两类贝叶斯决策准则如式（5.13）所示：

$$\begin{cases}h_A l_A f_A(X)>h_B l_B f_B(X)，\text{则}X\in\theta_A\\ h_A l_A f_A(X)<h_B l_B f_B(X)，\text{则}X\in\theta_B\end{cases} \tag{5.13}$$

式中，θ_A 和 θ_B 为两类风险模式；$f_A(X)$ 和 $f_B(X)$ 分别为 θ_A 和 θ_B 两类风险模式的概率密度函数；h_A 和 h_B 分别为 θ_A 模式和 θ_B 模式发生的先验概率；l_A 和 l_B 为误判时的代价因子。

5.2.2　PNN 模型学习算法

首先，将输入数据转化为矩阵结构，矩阵如式（5.14）所示：

$$\boldsymbol{X}=\begin{bmatrix}x_{11} & x_{12} & \cdots & x_{1n}\\ x_{21} & x_{22} & \cdots & x_{21}\\ \cdots & \cdots & \cdots & \cdots\\ x_{m1} & x_{m2} & \cdots & x_{mn}\end{bmatrix}=\begin{bmatrix}X_1\\ X_2\\ \cdots\\ X_m\end{bmatrix} \tag{5.14}$$

式中，m 为训练样本的数量；n 为风险指标的数量。

其次，计算归一化系数 $\boldsymbol{B}^{\mathrm{T}}$，对原始数据矩阵做归一化处理。

$$\boldsymbol{B}^{\mathrm{T}} = \left[\frac{1}{\sqrt{\sum_{k=1}^{n} x_{1k}^2}} \quad \frac{1}{\sqrt{\sum_{k=1}^{n} x_{2k}^2}} \quad \cdots \quad \frac{1}{\sqrt{\sum_{k=1}^{n} x_{mk}^2}} \right] \tag{5.15}$$

利用归一化系数 $\boldsymbol{B}^{\mathrm{T}}$ 对训练矩阵进行归一化处理，处理后的矩阵用如式（5.16）所示的 $\boldsymbol{C}$ 表示，式中“$\square^*$”代表矩阵对应元素相乘。

$$\boldsymbol{C}_{m\times n} = \boldsymbol{B}_{m\times 1}\left[1\ 1\ \cdots\ 1\right]_{1\times n} \square^* \boldsymbol{X}_{m\times n} \tag{5.16}$$

最后，进行样本与不同模式之间的距离计算，以及样本与判别样本的欧式距离计算。通过模式层可输出初始的概率矩阵，再对相同的模式类别进行概率求和，即可得到该样本属于每个模式的概率，最终输出概率最大的一种模式类型。

5.2.3 基于 PNN 模型的绿色产品认证风险智能评价示例

以 4.2.3 中家具类绿色产品认证风险点体系为基础，进行绿色产品认证风险智能评价研究。家具类绿色产品认证风险指标体系共包含 19 个风险指标。

（1）风险等级确定

本示例将绿色产品认证风险评价分为 5 个等级，分别为无风险、轻度风险、中度风险、重度风险、高危风险，各风险等级对应的评分区间如表 5-5 所示。

表 5-5 认证过程风险评价等级评分区间

评分区间	0～20 分	21～40 分	41～60 分	61～80 分	81～100 分
风险等级	高危风险	重度风险	中度风险	轻度风险	无风险

（2）PNN 模型参数选择

由于输入数据共有 19 个不同类型的风险指标，因此模型的输入层节点数为 19 个，求和层节点数与模式类型数量相同，本示例研究共有 5 个风险等级，因此求和层节点数量为 5 个，模式层节点数与样本量相同，输出层只有 1 个节点。

PNN 模型中的 Spread 值影响着模型评价的精度，因此本研究利用 Matlab 软件进行 Spread 值的逐步调优，设置步长为 0.2 的累加循环，采用回代估计法进行评价误差度的检测，以模型评价结果的精度为依据，确定最优的 Spread 值。

（3）示例数据集描述

假定邀请了 10 位认证领域专家构成评判专家组，对 100 项家具类绿色产品认证任务进行评判。采用百分制打分法进行风险指标评分，各项二级风险指标得分取均值后与 4.2.3 中 ISM-ANP 模型分析得到的相应全局权重相乘，获得每个风险指标全局得分，将所有风险指标全局得分求和后得到决策目标，即家具类绿色产品认证风险的总评分值，再根据不同风险等级的分值区间进行认证任务风险等级判定，风险指标的得分均值即为 PNN 模型的输入数据，认证任务的最终风险等级即为 PNN 模型的评价目标值，部分评分结果如表 5-6 所示。其中，前 90 项认证业务为训练样本数据，后 10 项认证业务为测试样本数据。

表 5-6　家具类绿色产品认证示例数据集

序号	x_1	x_2	x_3	……	x_{12}	x_{13}	……	x_{15}	x_{16}	总评分	等级
1	88	89	90		85	82		85	85	87.41	无风险
2	85	79	77		83	87		80	80	82.99	无风险
3	78	90	77		85	76		80	80	78.95	轻度风险
4	80	75	88		87	78		78	78	79.28	轻度风险
5	82	76	75	……	73	75	……	77	77	78.67	轻度风险
6	70	63	68		72	69		64	64	66.41	轻度风险
7	59	68	63		62	58		60	60	62.78	轻度风险
8	60	57	57		61	53		51	51	54.41	中度风险
9	55	51	48		55	46		53	53	50.91	中度风险
10	53	45	46		47	49		43	43	43.23	中度风险
……	……	……	……	……	……	……	……	……	……	……	……
91	70	63	68		72	69		64	64	74.26	轻度风险
92	79	85	86	……	83	87	……	75	80	80.20	轻度风险
93	68	79	77		85	85		75	80	76.13	轻度风险
94	74	75	88		83	78		78	78	76.48	轻度风险

序号	x_1	x_2	x_3	……	x_{12}	x_{13}	……	x_{15}	x_{16}	总评分	等级
95	79	76	75	……	73	75	……	65	77	73.42	轻度风险
96	70	75	68		64	69		53	64	66.48	轻度风险
97	59	68	63		62	64		60	60	62.68	轻度风险
98	60	52	57		61	53		51	51	54.91	中度风险
99	55	52	48		55	46		53	46	49.59	中度风险
100	53	45	46		51	49		43	53	46.82	中度风险

（4）模型训练和测试

根据获得的 100 项示例认证任务样本，随机抽取 60 个样本作为训练样本，其余 40 个作为测试样本，应用于 PNN 评价模型的训练与测试，本次试验基于 Matlab 软件实现。PNN 模型应用逻辑如图 5-10 所示。

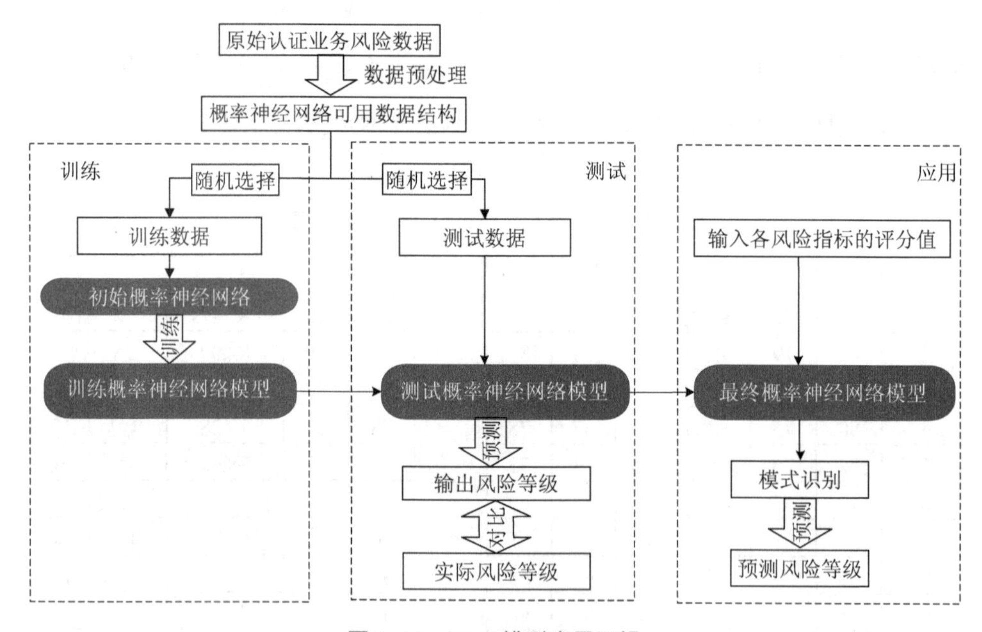

图 5-10　PNN 模型应用逻辑

PNN 模型训练主要包括 6 个步骤：

①输入训练样本和测试样本数据；

②确定网络的输入向量和输出向量；

③将输出向量通过 ind2vec 函数转为可识别的目标向量；

④逐步调优，确定径向基函数的分布参数 Spread；

⑤读取训练样本数据的目标向量，通过回代的方式，检验模型评价效果；

⑥读取测试样本数据，进行模型的性能测试。

第④步中确定 Spread 值是模型训练的关键。本试验在模型训练过程中，通过步长为 0.2 的循环累加语句对 Spread 值进行测试，采用回代估计法检验网络的预测误差度，以模型评价结果的精度为依据，确定最优的 Spread 值。如图 5-11 所示，当 Spread=1.5 时，模型的精度最高，确定 Spread 的最优值为 1.5。

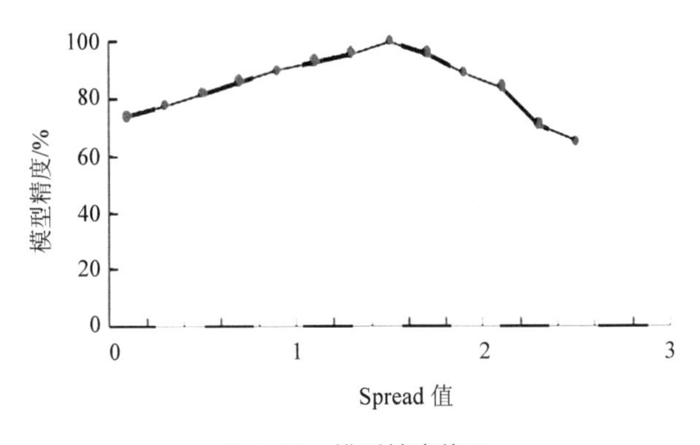

图 5-11　模型精度修正

模型构建完成并确定关键参数后，对样本数据输入模型进行训练，通过多次迭代运算，训练样本风险评价结果及误差如图 5-12 所示，通过模型输出风险等级与实际风险等级对比可知，模型准确率为 100%，未出现误判情况。

（5）结果分析

通过训练完成的模型对测试样本进行风险评价，进一步验证模型的准确性与稳定性，测试结果如图 5-13 所示，测试等级与实际风险等级相符，未出现误判情况。

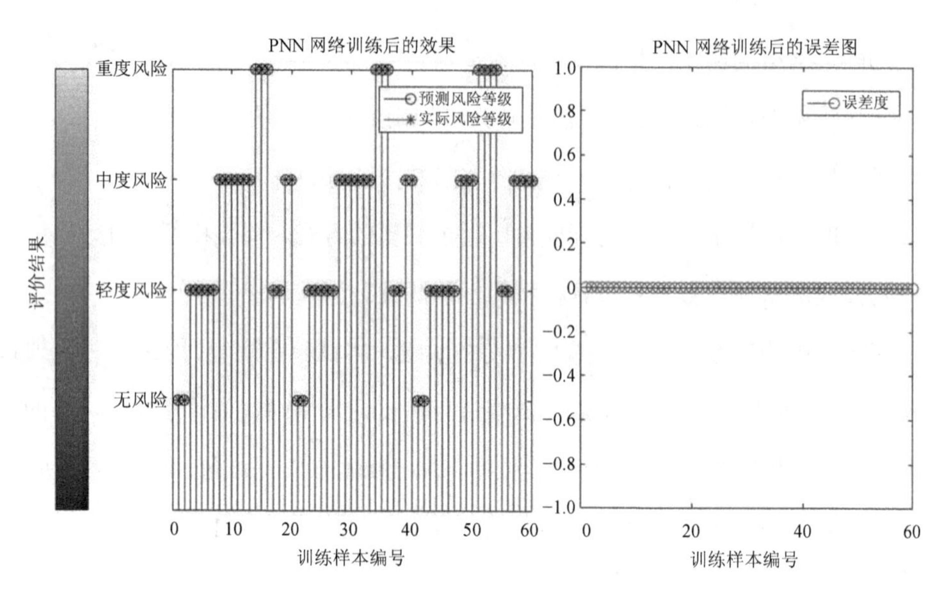

图 5-12　训练数据风险评价等级与误差

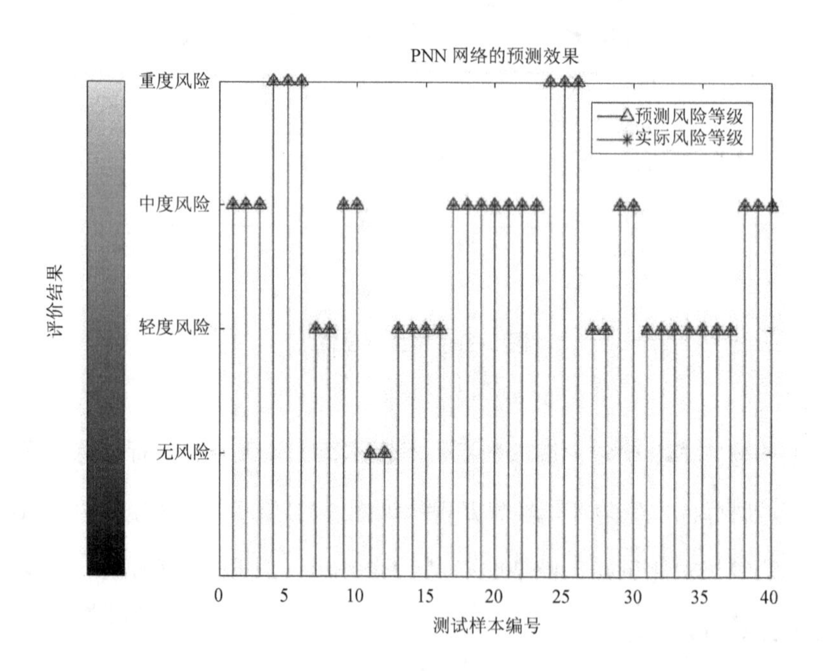

图 5-13　测试数据风险评价等级

评价结果表明，在过往的认证项目中确实存在一些风险性较高的认证项目，在 40 个测试样本中有 6 个处于重度风险，但并未出现高危风险的样本，有 32 个认证项目处于轻度风险和中度风险，这些认证项目风险性较低，处于风险可控范围，只有 2 个样本被评价为无风险。这说明在认证实施过程中总是存在一定的风险性，很难将所有的潜在风险完全规避，因此对绿色产品认证实施过程的风险评价与管理是非常必要的。

通过训练和测试风险等级与实际风险等级对比可知，基于 PNN 的风险评价模型具有较高的可靠性，且该模型考虑了各风险指标的关联性，应用 ANP 模型结合专家经验评判进行初步评价，再利用 PNN 网络对专家的评价方式进行深度学习，使评价模型具有良好的可拓展性，对解决绿色产品认证风险智能评价问题具有较高的可行性。

5.3　本章小结

本章针对大数据量情境下绿色产品认证风险智能评价问题展开研究。探索了 BP 神经网络模型和 PNN 模型的应用。其中，针对 BP 神经网络模型，分别对经典 BP 模型、L-M 改进 BP 模型和 SCG 改进 BP 模型进行建模和示例研究，对比分析了三种模型的训练效果。针对 PNN 模型，进行了模型结构设计和参数计算，并运用示例数据进行了训练和测试，结果表明 PNN 模型用于绿色产品认证风险智能评价具有较好的可靠性。

第6章

绿色产品认证风险溯源研究

绿色产品认证风险溯源是在绿色产品认证失效情况发生时，快速锁定导致认证失效的风险点，进而追溯责任主体。考虑到部分风险因子难以测定与量化的问题，本章采用贝叶斯网络与三角模糊数相结合的方法，分析认证风险影响因子的因果关系，搭建贝叶斯网络拓扑图，获取贝叶斯网络条件概率值，实现正向与逆向的综合推理。

6.1　绿色产品认证风险溯源贝叶斯网络建模

贝叶斯网络（Bayesian Network，BN）是一种基于统计概率的，用于不确定事件建模与推断的方法，其优点在于隐式处理所有不确定性问题[76]。贝叶斯网络分析过程通常由贝叶斯网络拓扑结构学习和贝叶斯网络参数确定两部分构成。

贝叶斯网络拓扑结构又称有向无环图，利用简明的图形方式定性地表示事件之间复杂的因果关系。若拓扑图的所有边均有明确指向，则称为有向图；若不包含环，则是有向无环图[77]。贝叶斯网络即为建立在一定条件基础上的有向无环图，是贝叶斯网络的定性部分，该部分由表示模糊事件的节点 V 和节点间有向连线 E

组成，用公式 Dag = $<V, E>$表示，V 代表图形框架中所有节点的集合，令 $X=(X_i)$，$i\in V$，则随机变量集合 $\{X_i,\ i=1,\ 2,\ \cdots,\ n\}$ 就代表有向无环图的所有节点，有向连线 E 表示图形中所有节点与节点之间具有方向指向的连线，若箭头尾部的节点为“因”，箭头头部指向的节点为“果”，则有向连线 E 就对应了一种节点间的因果依赖关系[78]。

贝叶斯网络一般由 3 种类型节点和 1 条有向边组成（图 6-1）。第一种节点是以网络结构图和概率论结合推算出模型目标结果的叶节点，只有连入的有向边，有时也称“目标节点”；第二种节点就是网络拓扑结构图中最基本的父节点，只有连出的有向边，有时也称“证据节点”，这一部分节点的取值可直接通过数据库采集，也可通过相关专家打分获取；第三种节点是处于父节点和叶节点之间的子节点，通常被称作“中间节点”，中间节点存在两类有向边与之相连，一条是连入边，另一条是连出边。有向边作为连接“因”与“果”节点的连线，说明节点存在依赖关系，若节点之间没有有向边，则表示节点之间相互独立。

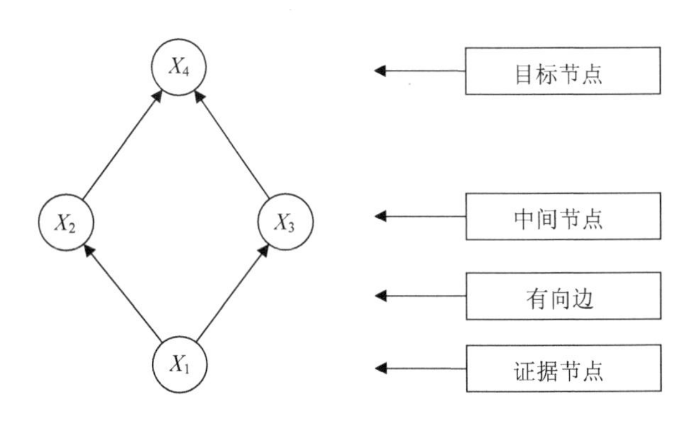

图 6-1　贝叶斯网络

贝叶斯网络参数即条件概率分布表，它是对节点间相互依赖关系的定量描述，主要通过应用贝叶斯公式及其变形公式来进行推理实现[79]。假设贝叶斯网络中的

节点变量为 X_i，若有 n 个节点，则这个节点可用 X_1，X_2，X_3，…，X_n 表示，且记 X_i 的父节点集合为 $\pi(X_i)$，节点取值可连续、可离散。

对于父节点来说，其条件概率分布用边缘概率 $P(X_i)$ 表示。对于中间节点和目标节点，则有一条概率分布 $P\left[X_i \mid \pi(X_i)\right]$ 与之对应，具体表达式如式（6.1）所示：

$$P\left[X_i \mid \pi\left(X_i\right)\right]=P\left(X_i \mid X_1, X_2, \cdots, X_{i-1}\right) \tag{6.1}$$

基于以上概率公式，形成与节点相对应的概率分布表，有向无环图与所有节点的条件概率表共同构成了一个贝叶斯网络。

在正向推理中，贝叶斯网络的算法基础是利用联合概率公式得到各节点的联合概率分布，由于节点变量间的关系是相互独立的，所以，联合概率分布由所有变量概率分布的乘积表示，具体的计算过程如式（6.2）所示：

$$P\left(X_1, X_2, \cdots, X_n\right)=\prod_{i=1}^{n} P(X_i \mid X_1, X_2, \cdots, X_{i-1})=\prod_{i=1}^{n} P\left[X_i \mid \pi\left(X_i\right)\right] \tag{6.2}$$

以图 6-2 所示的贝叶斯网络拓扑图为例，该结构是一个包含 X_1、X_2、X_3 在内的有向无环图，反映了节点间的相互依赖关系，并附加 3 个节点对应的概率分布表，则该网络拓扑图的联合分布概率如式（6.3）所示：

$$P\left(X_1, X_2, X_3\right)=P\left(X_3 \mid X_2, X_1\right) P\left(X_2 \mid X_1\right) P\left(X_1\right) \tag{6.3}$$

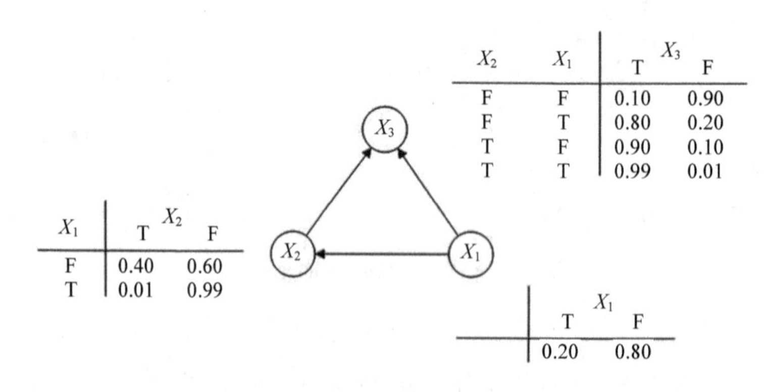

图 6-2 贝叶斯网络示例

注：T 表示真值，F 表示假值。

在逆向推理中，贝叶斯公式作为贝叶斯网络的算法基础，依靠先验概率推导出后验概率，贝叶斯公式表述如下所示：

假定本研究中认证风险 E 的样本空间为 Ω，B 为 E 的事件，事件 A_1，A_2，…，A_n 互不相容，A_1，A_2，…，A_n 为完备事件组，即

$$\bigcup_{i=1}^{n} A_i = \Omega,\ A_i A_j = \varnothing,\ P\left(A_i\right) > 0 \tag{6.4}$$

根据乘法定理和条件概率得

$$P\left(A_i \mid B\right) = \frac{P\left(B \mid A_i\right) P\left(A_i\right)}{\sum_{i=1}^{n} P\left(B \mid A_i\right) P\left(A_i\right)} \tag{6.5}$$

由此可得贝叶斯网络在正向与逆向推导时的过程，以及贝叶斯的公式形式。其中，$P(X_i)$表示先验概率，$P\left(A_i \mid B\right)$ 表示后验概率。

通过对贝叶斯网络的结构学习、参数学习、推理分析三方面阐述，可知贝叶斯是图形论和概率论结合的网络结构，是将难以测量的节点风险事件进行知识推理的模型；贝叶斯网络是一个不完全依赖数据的方法，即使数据出现部分缺失，贝叶斯也能进行学习与计算，通过对定性部分与定量部分的巧妙处理，提高了模型的实用性。因此贝叶斯网络被广泛应用于风险控制与产品分类等领域。

本章通过贝叶斯网络对绿色产品认证风险溯源进行建模。贝叶斯网络结构如图 6-3 所示。

贝叶斯网络条件概率表在早期主要通过专家打分法来获取，观测到的数据与研究结果往往存在一定的偏差。目前，通过对数据进行修正与分析，得出条件概率参数，不仅能够减少试验与现实之间的差异，而且对现实中抽象现象问题的描述更具体、细腻。针对绿色产品认证领域，由于管理体系缺乏整体的认知，造成认证中出现无法预知的风险影响因子及影响的程度，通过建立绿色产品认证风险溯源模型，利用贝叶斯网络的逆向推理计算，找出认证中可能出现的预估风险，提高风险控制的覆盖性和精确度。

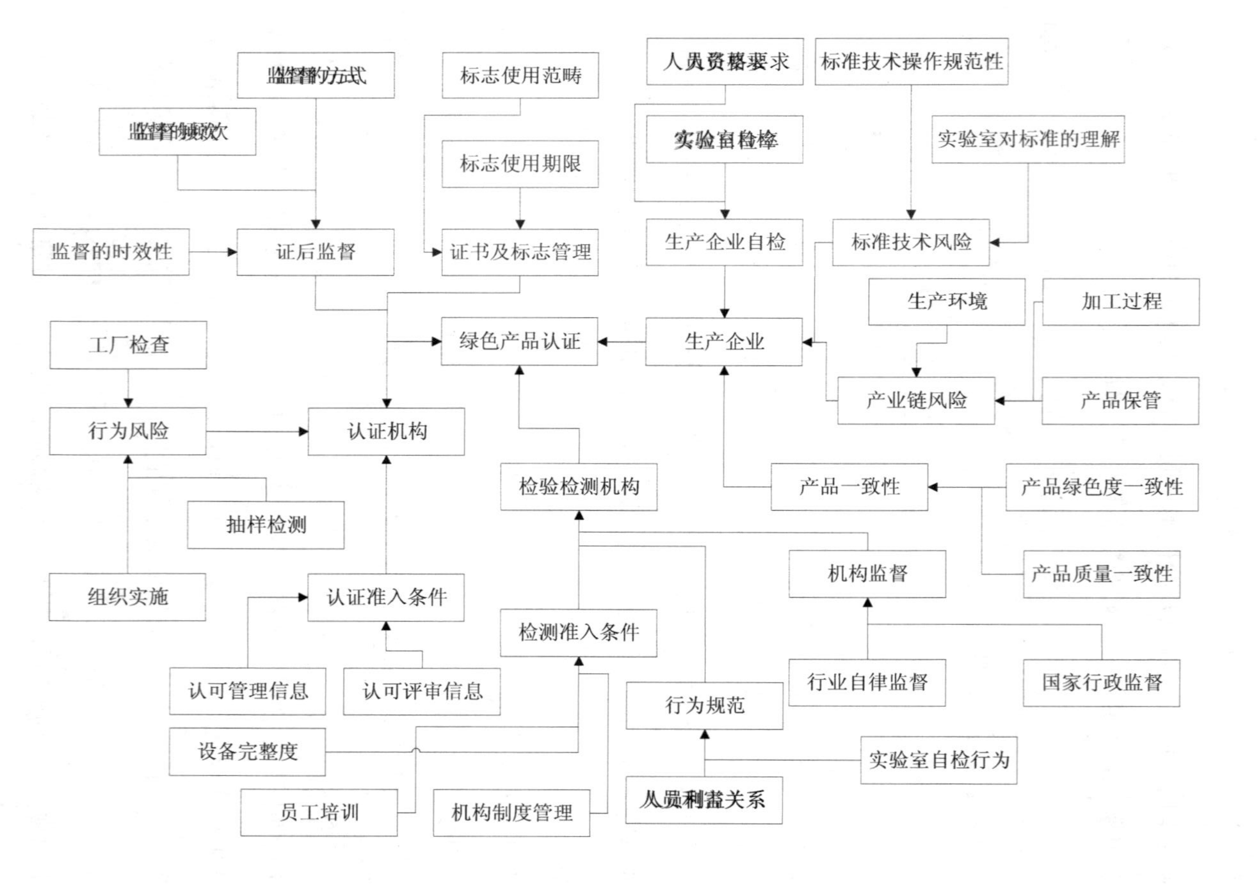

图 6-3 绿色产品认证贝叶斯网络拓扑结构

6.2　基于三角模糊数的风险事件数据处理

为了提高绿色产品认证风险溯源模型的精确度，在贝叶斯网络的基础上引入模糊数的概念，对条件概率进行更加精确的数学分析。现阶段，国内外对模糊数的研究主要集中在三角模糊数、L-R 模糊数和梯形模糊数等领域。三角模糊数作为最简单、最常用、最重要的模糊数，具有广泛的应用价值[80]。本研究选择三角模糊数作为绿色产品认证风险事件的隶属函数，在提高精度的同时，更加方便、快捷。

假设用 $\tilde{A}=(a,b,c)$ 来表示三角模糊数，则其隶属度函数如式（6.6）所示：

$$\tilde{A}=\begin{cases}0 & x<a \\ \dfrac{x-a}{b-a} & a\leqslant x\leqslant b \\ \dfrac{c-x}{c-b} & b<x\leqslant c \\ 0 & c<x\end{cases} \tag{6.6}$$

三角模糊数的隶属度函数图形如图 6-4 所示。

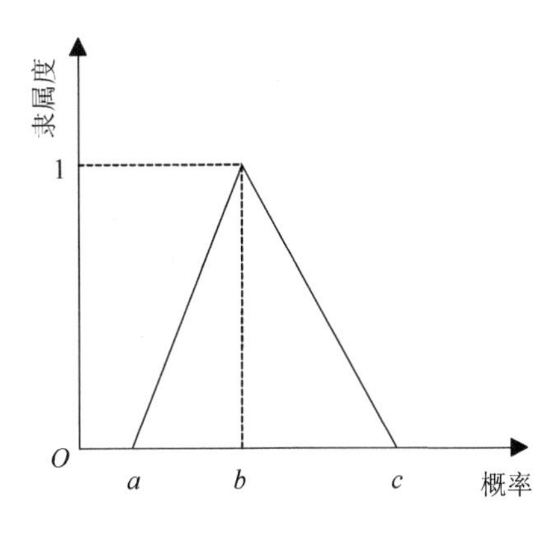

图 6-4　三角模糊数的隶属度函数

基于模糊集合的运算法则，可推导出三角模糊数的代数运算公式。假设三角模糊数分别由 $\widetilde{A}_1=(a_1,b_1,c_1)$，$\widetilde{A}_2=(a_2,b_2,c_2)$ 表示，则三角模糊数的代数运算公式为

①两数之和：$\widetilde{A}_1\oplus\widetilde{A}_2=(a_1+a_2,b_1+b_2,c_1+c_2)$

②两数之差：$\widetilde{A}_1\ominus\widetilde{A}_2=(a_1-a_2,b_1-b_2,c_1-c_2)$

③两数之积：$\widetilde{A}_1\otimes\widetilde{A}_2=(a_1\times a_2,b_1\times b_2,c_1\times c_2)$

④两数之商：$\widetilde{A}_1\oslash\widetilde{A}_2=(a_1\div a_2,b_1\div b_2,c_1\div c_2)$

假设有 n 个节点 $X_i(i=1,2,3,\cdots,n)$，并且 X_i 的父节点集合为 $\pi(X_i)$，用 x_i 表示 X_i 的取值，B_i 表示父节点变量组成的向量，向量值 b_i 表示向量 B_i 的取值，则节点 X_i 的条件概率为

$$P\left[X_i\mid\pi\left(X_i\right)\right]=\frac{P\left[X_i,\pi\left(X_i\right)\right]}{P\left[\pi\left(X_i\right)\right]}=\frac{P\left(X_i=x_i,B_i=b_i\right)}{P\left(B_i=b_i\right)} \tag{6.7}$$

对于存在 3 个父节点的 X_i 来讲，当所有父节点均处于 State0 时，节点 X_i 处于 State0 的条件概率值如式（6.8）所示：

$$\begin{aligned}&P\left(X_i=\text{State0}\mid B_1=\text{State0},B_2=\text{State0},B_3=\text{State0}\right)\\&=\frac{P\left(X_i=\text{State0},B_1=\text{State0},B_2=\text{State0},B_3=\text{State0}\right)}{P\left(B_1=\text{State0},B_2=\text{State0},B_3=\text{State0}\right)}\end{aligned} \tag{6.8}$$

式中，“State0”代表绿色产品认证节点所处的风险状态，既可以描述成风险事件未发生，也可描述成风险事件发生。

从推导计算的公式可知，本研究要想获得节点的概率取值，需大量发放节点的条件概率表，而且随着父节点数量的增加，条件概率表需要收集的数据逐渐增多。在无法对抽象的问题进行量化时，需要借助一定的群体决策观念，利用点差问卷的方式，聘请若干领域专家，凭借专家自身丰富的知识、经验，对需要评价的指标进行打分，然后对得到的概率值进行三角模糊数处理。三角模糊数的处理

一般借助自然语言变量进行转化，它能够很好地解决数据不足造成的精确度问题。联合国政府间气候变化专门委员会（Intergovernmental Panel on Climate Change，IPCC）采用七档分级的风险发生概率语言变量来进行概率值描述，分别为非常高、高、偏高、中等、偏低、低和非常低，各语言变量及其对应的概率值与三角模糊数如表 6-1 所示[81]。

表 6-1　风险发生概率的语意值与相应的三角模糊数

概率范围	三角模糊数	表述语句
＜1%	（0.0，0.0，0.1）	非常低
1%～10%	（0.0，0.1，0.3）	低
10%～33%	（0.1，0.3，0.5）	偏低
33%～66%	（0.3，0.5，0.7）	中等
66%～90%	（0.5，0.7，0.9）	偏高
90%～99%	（0.7，0.9，1.0）	高
≥99%	（0.9，1.0，1.0）	非常高

通过问卷调查的方式获得节点条件概率表，并根据表 6-1 转换成三角模糊数，进一步通过均值面积法计算节点的精确概率。利用得到的先验概率和条件概率值，建立贝叶斯网络学习和推理计算，包括：

①已知证据节点的概率值，推导风险目标节点的概率值；

②已知风险目标节点的概率值，递推剩余风险节点的概率值。

基于贝叶斯网络和三角模糊数的方法，对认证机构现状进行节点风险概率值推导分析，在定性方面，根据专家知识、经验列出网络节点的风险指标内容和数量以及各风险指标节点的因果关系，最终确定贝叶斯网络拓扑结构；在定量方面，根据统计数据可以得到各风险指标子节点、父节点的条件概率值。

6.3 绿色产品认证风险溯源贝叶斯网络节点确定

基于利益相关者理论，综合考虑绿色产品认证机构、生产企业和检验检测机构中可能出现的风险事件，得出具体的风险指标，详见“3.3.2 基于利益相关者视角的风险识别”所构建的风险指标体系，本部分略有调整。基于分析得到的风险指标构建贝叶斯网络拓扑结构，贝叶斯网络中各个风险节点的序号、值域如表 6-2 所示。

表 6-2 贝叶斯网络的值域

序号	节点	值域	序号	节点	值域
A	绿色产品认证	（0，1）	C_7	监督时效性	（0，1）
A_1	认证机构	（0，1）	C_8	监督方式	（0，1）
A_2	生产企业	（0，1）	C_9	标志使用期限	（0，1）
A_3	检验检测机构	（0，1）	C_{10}	标志使用范畴	（0，1）
B_1	认证准入条件	（0，1）	C_{11}	实验室对标准的理解	（0，1）
B_2	认证行为风险	（0，1）	C_{12}	标准技术操作规范性	（0，1）
B_3	证后监督	（0，1）	C_{13}	生产环境	（0，1）
B_4	证书及标志管理	（0，1）	C_{14}	加工过程	（0，1）
B_5	标准技术风险	（0，1）	C_{15}	产品保管	（0，1）
B_6	产业链风险	（0，1）	C_{16}	实验室自检率	（0，1）
B_7	生产企业自检	（0，1）	C_{17}	人员资格要求	（0，1）
B_8	产品一致性风险	（0，1）	C_{18}	产品绿色度一致性	（0，1）
B_9	检测准入条件	（0，1）	C_{19}	产品质量一致性	（0，1）
B_{10}	行为规范	（0，1）	C_{20}	机构制度管理	（0，1）
B_{11}	机构监督	（0，1）	C_{21}	设备完整度	（0，1）
C_1	认可评审信息	（0，1）	C_{22}	员工培训	（0，1）
C_2	认可管理信息	（0，1）	C_{23}	实验室自检行为	（0，1）
C_3	组织实施	（0，1）	C_{24}	人员利害关系	（0，1）
C_4	工厂检查	（0，1）	C_{25}	行业自律监督	（0，1）
C_5	抽样检测	（0，1）	C_{26}	国家行政监督	（0，1）
C_6	监督频次	（0，1）			

通过识别绿色产品认证过程中的主要风险影响因素，并根据风险影响因素的因果关系，构建初步的绿色产品认证业务流程风险贝叶斯网络拓扑结构。

6.4 基于贝叶斯网络的绿色产品认证风险溯源示例

6.4.1 示例问题描述

目前，参与绿色产品认证的行业涉及建材、纺织和轻工日化等行业，其中轻工日化与消费者日常生活密切相关。关于轻工日化领域的认证，国外已经有了相当成熟的研究，如德国的“蓝色天使标识”、欧盟的“生态标签”、北欧的“白天鹅标签”等都对绿色产品进行了系统化的认证。在国内，目前包括家具、纺织品、木塑制品、纸和纸制品等在内的产品已经参与了绿色产品认证统一标识体系的构建。

轻工日化类产品中的文具产品具有价格低、覆盖广和消耗多的特点，以低龄学生消费人群为主。在利益的驱使下，部分厂家很少考虑健康安全因素，其生产加工中往往会添加有毒有害的工业原料，给消费者的健康带来隐患。为了促进行业健康发展，加强绿色消费意识，现假定以文具类绿色产品认证风险溯源为目标展开研究。

6.4.2 贝叶斯溯源仿真分析

基于三角模糊数方法和贝叶斯网络模型，利用 GeNIe 2.0 仿真软件对文具类绿色产品认证风险溯源模型进行分析。从认证机构、检验检测机构、生产企业 3 个利益相关者的角度，收集到认证准入条件、认证行为风险、证后监督、证书及标志管理、产品一致性风险、产业链风险、标准技术风险、生产企业自检、检测准入条件、行为规范、机构监督等 26 个风险因素的条件概率值，引入合适的风险条件概率表，定量描述各风险节点间的关系，将这些因素作为主要风险因素进行贝叶斯网络的构建。

本研究对于认证风险影响因子的条件概率表，规定贝叶斯网络拓扑图中根节点的概率值，每个节点都有两种状态：“State0”表示该风险发生的状态；“State1”表示该风险未发生的状态。通过对调查问卷数据进行分析整理，并将其录入贝叶斯仿真软件中进行仿真模拟，可以得出各风险节点的先验概率值，如图 6-5 所示。

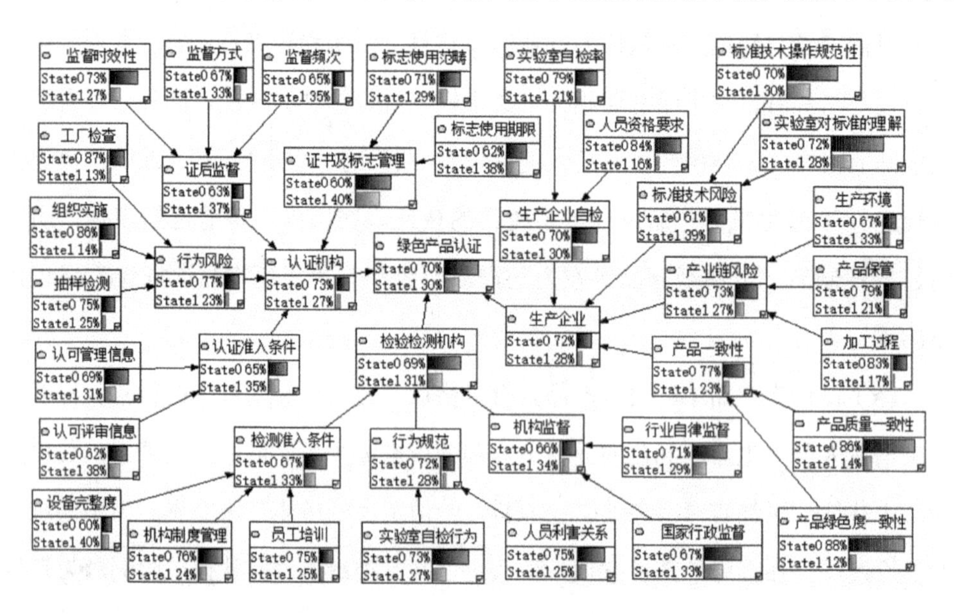

图 6-5　绿色产品认证风险的先验概率值

根据贝叶斯网络的逆向推理，当认证风险事件发生时，即 $P(A=\text{State0})=1$，则认为此时绿色产品认证失效，通过仿真软件对贝叶斯网络的模拟仿真推理可知，认证机构、生产企业与检验检测机构对绿色产品认证的影响程度依次减弱，其中认证机构对认证有效性的影响程度为 73%，生产企业对认证有效性的影响程度为 72%，检验检测认证机构对认证有效性的影响程度为 69%（图 6-5）。

运用贝叶斯网络的参数学习与推导计算，得出后验概率值，如图 6-6 所示。通过规定的“State0”状态可知，其概率越大，表明认证风险发生的可能性越大。

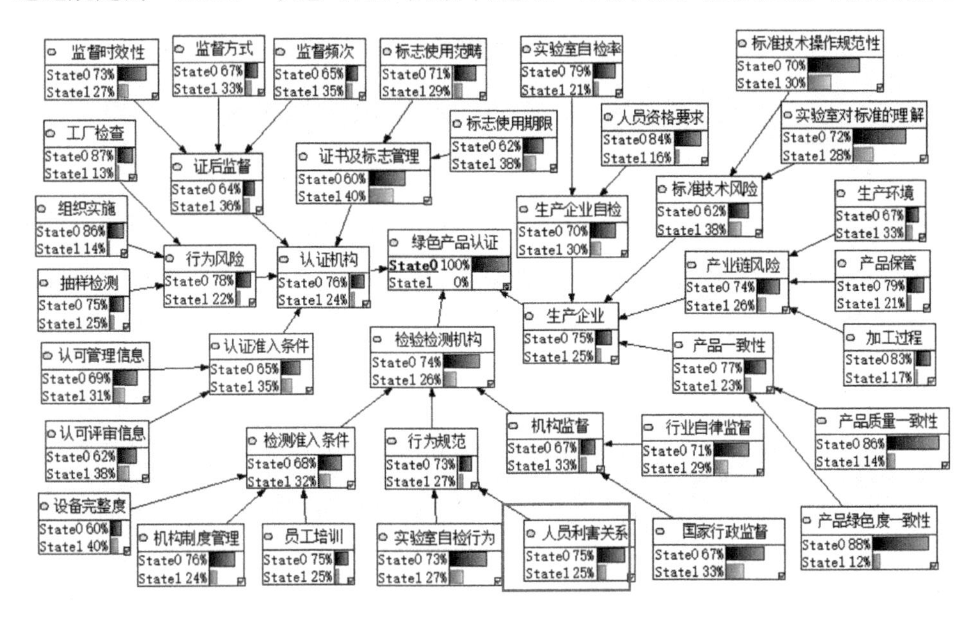

图 6-6　绿色产品认证失效风险后验概率值

从认证机构的角度来看，认证失效风险的最大致因链为｛认证机构（76%）→行为风险（78%）→工厂检查（87%）｝。从生产企业的角度来看，认证失效风险的最大致因链为｛生产企业（75%）→产品一致性（77%）→产品绿色度一致性（88%）｝。从检验检测机构的角度来看，认证失效风险的最大致因链为｛检验检测机构（74%）→行为规范（73%）→人员利害关系（75%）｝。

根据风险溯源模型中的各风险指标的后验概率，排名前五的依次是：产品绿色度一致性、工厂检查、产品质量一致性、组织实施、加工过程。示例研究表明，绿色产品认证中的委托企业容易受利益驱使，不愿配合认证工作，使得实际生产出来的产品与提交给认证机构的产品不一致。认证机构在工厂检查时，由于操作的复杂性，往往会忽视一些细节；在认证实施过程中，如果受到利益驱使，认证机构之间存在通过价格竞争实现客户积累现象时，则产品质量与认证偏差加剧，造成认证失效风险。因此，为防止认证风险的发生，提高绿色产品标识的权威性，监管部门应着重对风险发生概率高的风险要素进行控制。

6.4.3 风险点敏感性分析

基于构建的绿色产品认证风险溯源模型，对网络拓扑图中风险事件节点的输出状态进行敏感性分析。敏感性分析为风险管控决策提供了另一个视角。对高敏感性的风险因素应给予更多的重视，保证认证的高效运行。

通过仿真软件进行敏感性分析，得到所有节点的敏感度值，结合风险指标失效度，构建节点失效度与敏感度的散点图。其中，风险指标失效度和敏感度分析结果如图 6-7 所示。不难发现，行为规范、产业链风险、行为风险、产品一致性属于失效度较高的风险，其敏感度却依次减少。

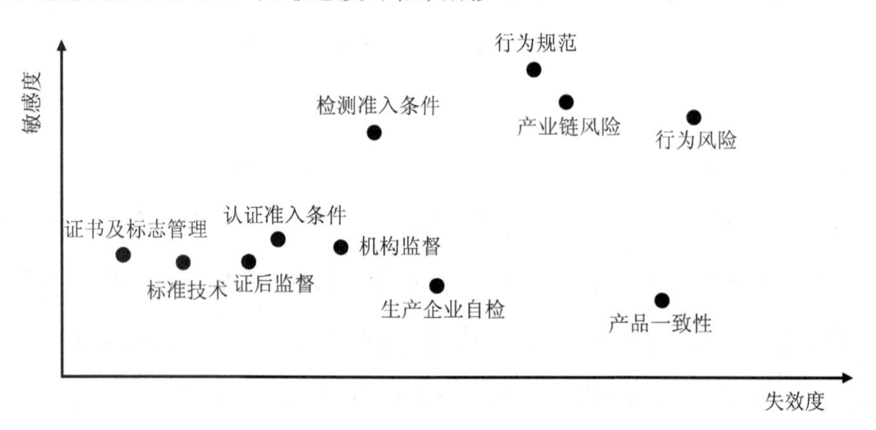

图 6-7 风险指标失效度和敏感度分析结果

细分风险指标失效度和敏感度分析结果如图 6-8 所示。不难发现，产品绿色度一致性、工厂检查、产品质量一致性、组织实施、人员资格要求、加工过程属于失效度较高的风险，其中，工厂检查的敏感度最高。

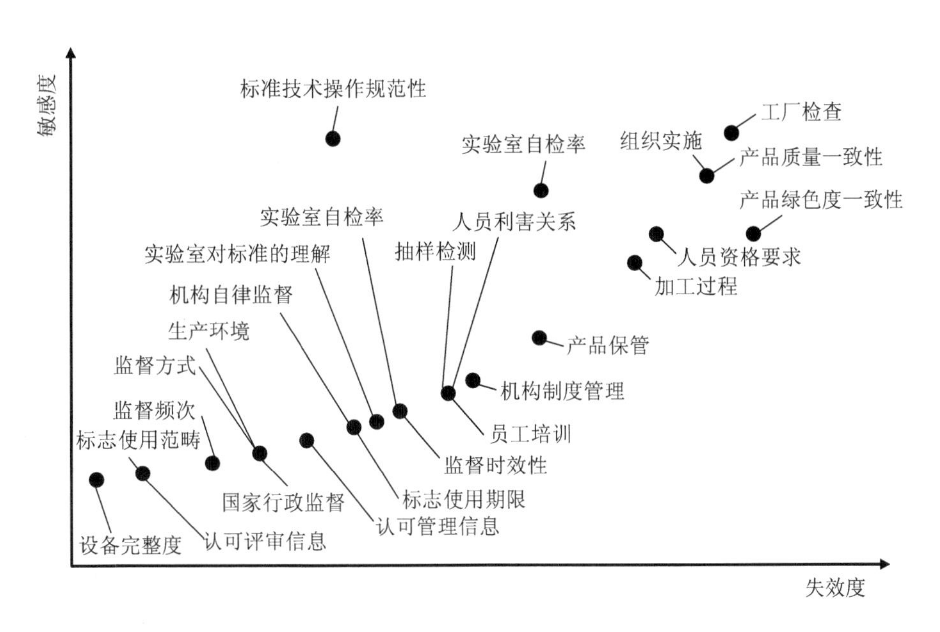

图 6-8　细分风险指标失效度和敏感度分析结果

6.4.4　风险应对措施

通过对绿色产品认证风险溯源模型的分析可知，绿色产品认证应首先重视认证机构的工厂检查，其次是委托企业的产品绿色度一致性和质量要求。因此，对于监管部门而言，从完善工厂检查制度入手，注重产品绿色属性的把控，加强检查人员的自我规范意识培训，都是绿色产品认证有效实施的保障。结合风险要素失效度和敏感性分析结果，提出风险管控对策如下：

1）针对失效度高、敏感度高的风险要素，需要着重进行风险管控。该类风险要素主要包括工厂检查、组织实施、产品质量一致性等。针对认证风险的把控，需不断完善生产企业的管理体系，加强生产企业的文化素养培训，明确产品失效的责任。

2）针对失效度低、敏感度高的风险，在成本允许的范围内进行风险管控。该类风险点主要包括标准技术操作规范性等。检验检测机构受国家监督和市场约束的影响，在检测的标准均属操作规范性方面潜在风险较低，但其敏感度较高，因此可以通过增加培训加以防范。这类风险影响因素指标往往投入少量成本就会收到较明显的效果。

3）针对失效度高、敏感度低的风险，需要加强注意，但不必强制实行改善。这类风险指标在整个绿色产品认证过程中起着非常重要的作用，需要得到高度重视，但由于其敏感度较低，即使投入再多的经济费用来改善风险状态，控制效果也不显著，改善的空间也较低。因此，针对此类风险，除非有特殊要求，否则只需时刻关注风险的状态与变化趋势，在风险发生时做好应急措施。

4）针对失效度低、敏感度低的风险，可以不予考虑。该类风险主要包括设备完整度、标志使用范畴、认可评审信息、监督频次、监督方式等。针对这类风险指标，由于其风险发生的可能性以及敏感度均偏低，改善此类风险对认证有效性的提升不是特别显著。因此，只需抽查风险状态，不需要投入大量的人力、物力对风险进行监督与把控。

6.5 本章小结

本章针对绿色产品认证失效情境下的风险溯源问题展开研究，探索了贝叶斯网络在风险溯源中的应用。首先，在基于利益相关者视角的风险点分析的基础上，构建了绿色产品认证风险溯源贝叶斯网络拓扑结构；其次，针对部分风险点数据难以量化的问题，引入三角模糊数方法进行处理；最后，利用示例数据进行贝叶斯溯源仿真，分析了认证失效的关键致因链，并分析了每个风险因素的失效度和敏感度，结合失效度和敏感度分析结果，提出了风险应对策略。

第 7 章

绿色产品认证信息网络平台研发

在绿色产品认证风险管理和溯源理论研究的基础上，对绿色产品认证所涉及的社会公众、认证机构和委托企业三类关键利益主体进行需求分析，依托信息技术手段开发绿色产品认证信息网络平台，实现绿色产品认证的在线申请、业务办理、风险管控和信息发布。系统的开发设计考虑了可视化元素，以符合用户的认知习惯。

7.1 社会公众角色的需求分析与功能设计

社会公众是绿色产品的消费主体，该类群体密切关注各类绿色产品的相关政策法规、热点事件，同时关注自身所采购的绿色产品的性能和真伪。因此，面向社会公众的以上需求，绿色产品认证信息网络平台设计了认证申请、企业认证公示、投诉建议、立即追溯、工作动态、公示公告、政策标准、资料下载、相关链接等功能。

7.1.1 社会公众角色需求分析

（1）认证申请流程

认证申请流程主要是向社会公众传达绿色产品认证的业务流程，让社会公众更好地了解一项绿色产品从申请开始，到获得绿色标识，再到绿色证书的延续申请是怎样一种流程。社会公众中的部分企业从业者，通过了解认证申请流程，在企业需要进行委托认证时，能够顺利开展委托认证工作。认证申请流程界面如图 7-1 所示。

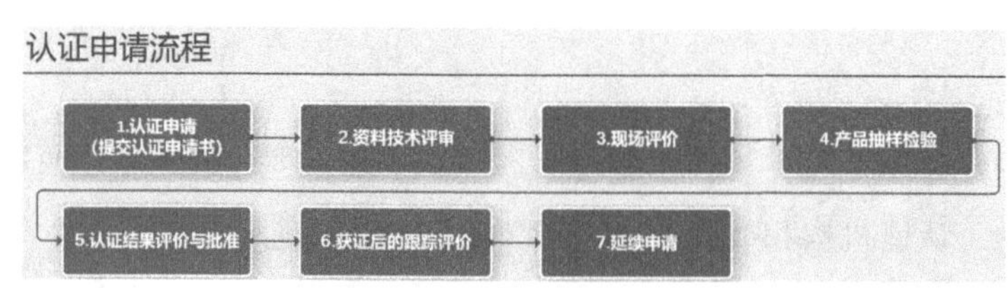

图 7-1 认证申请流程

（2）企业认证公示

社会公众可以在该功能下按照“产品类别”“企业名称”“地区”等条件字段进行获证企业或获证产品检索。产品类别包括建材类产品、纺织类产品、家用电器类产品、农食类产品、轻工类产品等。企业认证公示界面如图 7-2 所示。

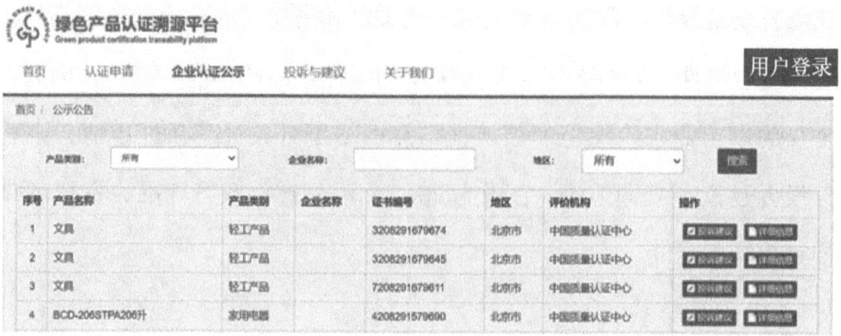

图 7-2 企业认证公示界面

对检索出的某一具体绿色产品，可以通过“详细信息”功能，获取该绿色产品的详细信息，包括该绿色产品的评价机构、获证日期、企业地址、联系方式等。具体如图 7-3 所示。

产品名称：文具

产品类别：P05

企业名称：

证书编号：3208291679674

地区：北京市

评价机构：中国质量认证中心

获证日期：2020-02-28 16:27:59

地址：

联系人：

对外电话：

图 7-3　企业认证公示详细信息

同时，社会公众还可以对某具体绿色产品进行投诉建议，点击“投诉建议”功能按钮，进入投诉建议界面进行投诉建议，具体如图 7-4 所示。

类别：投诉

投诉建议对象：请填写企业或机构名称，多个用逗号分离

匿名或实名：匿名

电子邮件：

标题：

内容：

提交

图 7-4　投诉建议界面

（3）立即追溯

立即追溯功能满足社会公众对绿色产品的追踪和溯源需求。社会公众可以按照绿色产品证书编号进行追溯，也可以按照企业名称，追溯该企业的所有绿色产品。使用“立即追溯”功能，用户可以查询到相应证书编号所对应的绿色产品的详细信息，了解绿色产品的评价机构、获证日期、企业名称等相关信息。

（4）其他模块

其他模块主要包括工作动态、公示公告、政策标准和资料下载等。工作动态模块主要向社会公众展示绿色产品认证有关的工作动态，是信息展示的窗口。公示公告模块是监管部门、认证机构向社会公众发布绿色产品相关的公示公告。政策标准模块是有关政府工作部门或认证机构向社会公众传递与绿色产品认证相关的政策和国家标准。资料下载模块为向社会公众提供绿色产品认证相关的资料，包括认证申请流程图、认证过程风险评价层次结构模型等。具体如图 7-5 所示。

图 7-5 其他功能模块设计

7.1.2　社会公众角色功能设计

根据上述需求分析，面向社会公众角色的功能设计如图 7-6 所示。社会公众通过访问网站，可以了解绿色产品认证申请流程，查询认证公示信息，追溯相关绿色产品，并对绿色产品进行投诉建议，了解绿色产品认证工作动态、认证政策和有关标准等。社会公众访问网站内容无须注册，但如果要进行绿色产品认证的业务申请和办理就需要进行注册、登录。

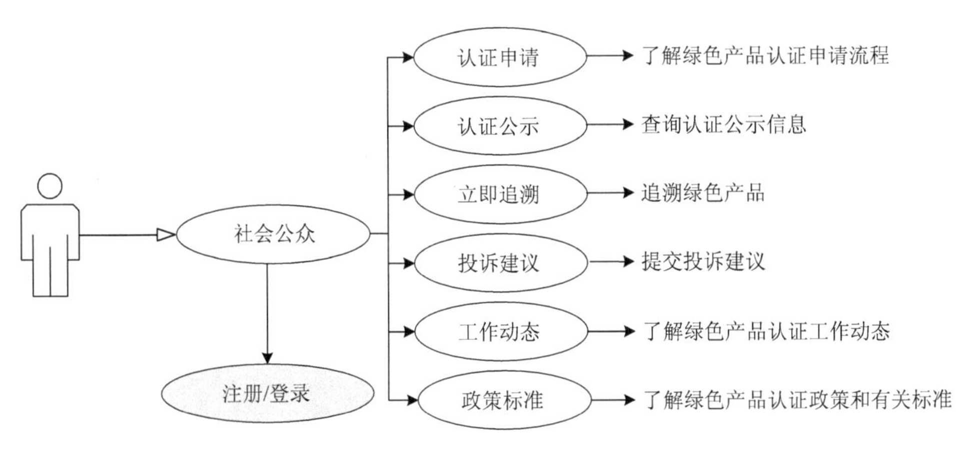

图 7-6　社会公众角色的功能设计

7.2　委托企业角色的需求分析与功能设计

社会公众中的有关企业组织，如果要进行绿色产品认证业务的申请和办理，则需要在绿色产品认证信息网络平台上进行注册登记。注册成功后，可以进行不同产品类别绿色产品认证业务流程的查询；填报相关资料信息进行认证申请，并查询认证进度；同时还可接收来自认证机构的即时消息。

7.2.1 委托企业角色需求分析

（1）用户注册及登录

企业用户在绿色产品认证信息平台进行业务办理时，要进行用户注册。注册时需设置用户名、密码，填写公司名称、联系电话和邮箱等。用户注册界面如图7-7所示。

图7-7 用户注册界面

用户注册成功后，登录系统进入系统主界面，主界面左侧为菜单栏，包括认证业务流程、认证申请、认证进度和消息等功能。右侧功能区显示用户上次登录时间、登录IP信息、登录次数及证书延续申请提醒等，如图7-8所示。

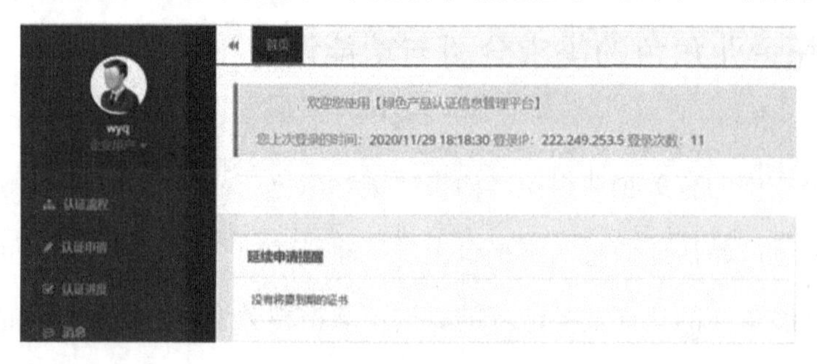

图7-8 用户登录界面

（2）认证流程

用户登录后，可以通过认证流程查看功能查询不同类别产品的认证业务流程。具体界面如图 7-9 所示。

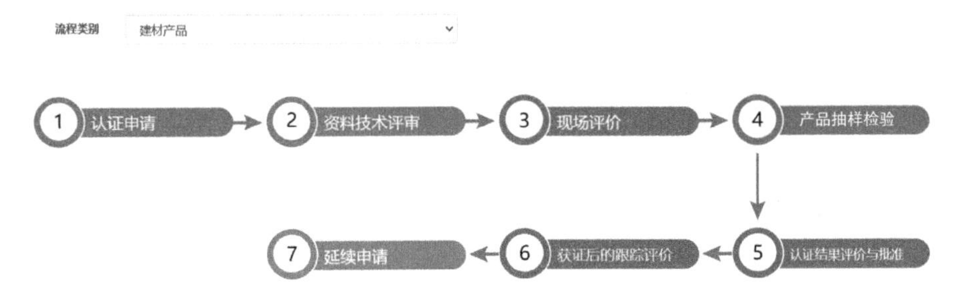

图 7-9　认证流程查询界面

与面向社会公众的认证流程查询不同，委托企业登录系统后进行认证流程查询，可以查看每个步骤的详细内容，以及各环节应当提交的文件资料。例如，用户点击“认证申请”环节，会向用户展示认证单元划分、认证依据标准、受理、申请受理条件、申请文件等详细信息，实现交互式信息获取。具体如图 7-10 所示。

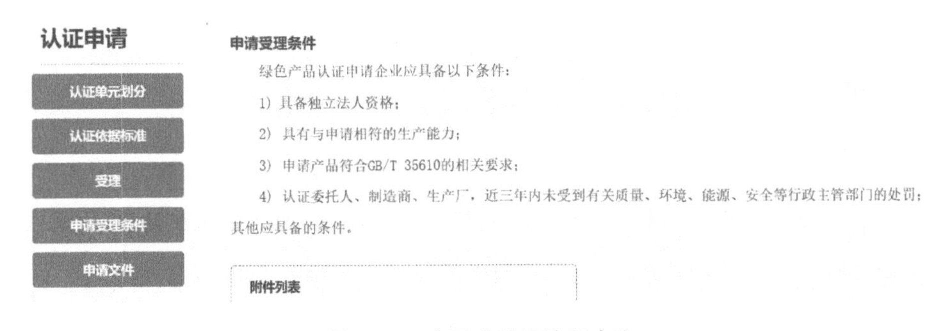

图 7-10　交互式认证流程查询

（3）认证申请

用户通过认证申请功能向认证机构发出认证委托。发起申请时需填报基本信息、委托人相关信息、制造商相关信息、生产厂相关信息、代理机构相关信息、申请认证产品相关信息和附件信息。其中，基本信息填报需填写申请标题和产品类别。委托人相关信息包括委托机构统一社会信用代码、委托人名称、委托人地址、所在区域、联系人及联系方式等。制造商、生产厂相关信息字段同委托人相关信息。申请认证产品相关信息包括产品名称、型号规格、商标及补充说明。具体申请界面如图 7-11 所示。

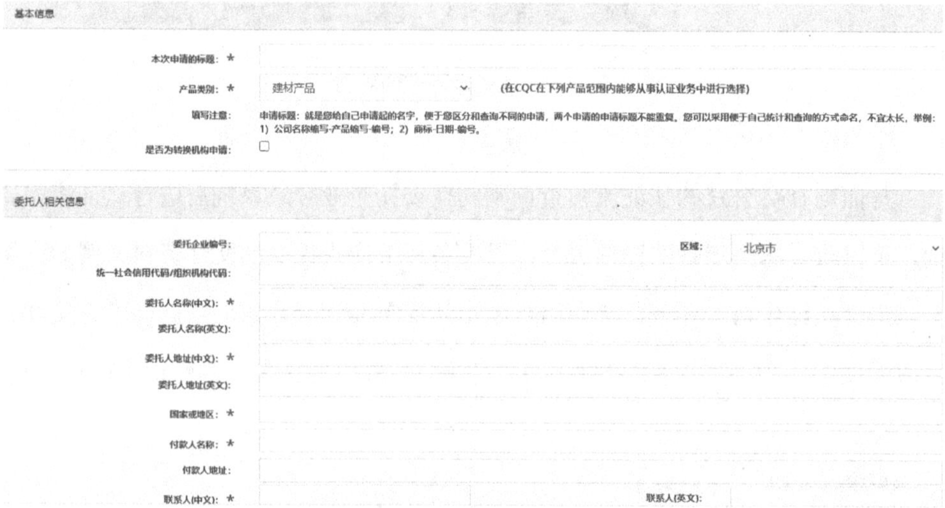

图 7-11　认证申请基本信息和委托人信息

用户可以通过附件信息功能上传所需的文件资料。附件类型包括申请书、营业执照、委托关系证明、OEM/ODM 知识产权关系、商标名称及商标注册证明、强制性产品认证证书、产品及关键原材料描述、相关体系证明材料等。附件文件支持多种文件格式，具体如图 7-12 所示。

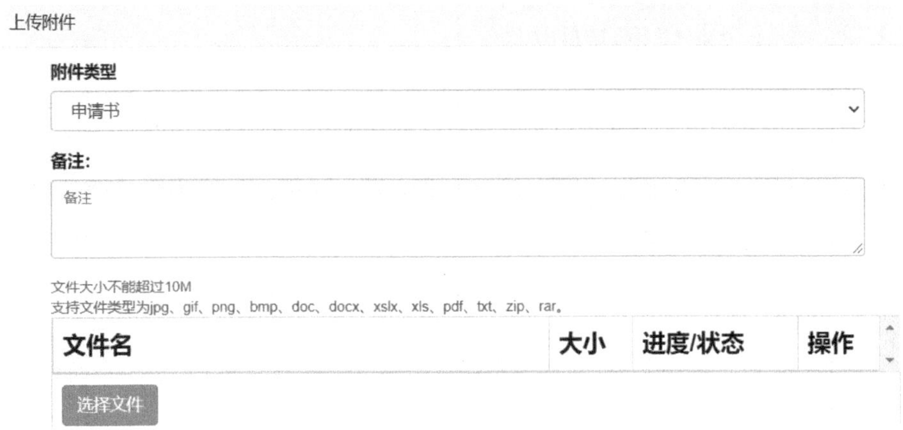

上传附件

附件类型

申请书

备注:

备注

文件大小不能超过10M
支持文件类型为jpg、gif、png、bmp、doc、docx、xslx、xls、pdf、txt、zip、rar。

文件名	大小	进度/状态	操作

选择文件

图 7-12　附件上传示意

（4）认证进度

用户提交认证申请后，可以通过认证进度功能查询其申请的某项认证业务的进展情况。点击“认证进度”功能可显示该用户所有的申请业务。点击某一具体委托业务，可以查看该业务的历史处理痕迹，包括各环节通过与否的状态、状态更新日期、操作人以及相关整改意见等。具体如图 7-13 所示。

认证进度

认证流程	操作人	日期	状态	整改意见
认证申请	wy	2020/2/22 14:03:22	通过	
资料技术评审	wy	2020/2/22 14:03:42	通过	
现场评价	wy	2020/2/22 21:07:46	通过	wy核准
产品抽样检验	wy	2020/2/22 21:09:11	通过	wy审核
认证结果评价与批准	wy	2020/2/22 21:10:37	通过	
获证后监督	wy	2020/2/22 21:10:37	通过	
延续申请				

图 7-13　绿色产品认证进度查询

7.2.2 委托企业角色功能设计

根据上述需求分析，面向委托企业角色的功能设计如图 7-14 所示。委托企业通过注册并登录绿色产品认证信息网络平台，可以了解不同类型绿色产品的认证模式，填报并提交认证申请，查询认证进度，获取认证即时消息。

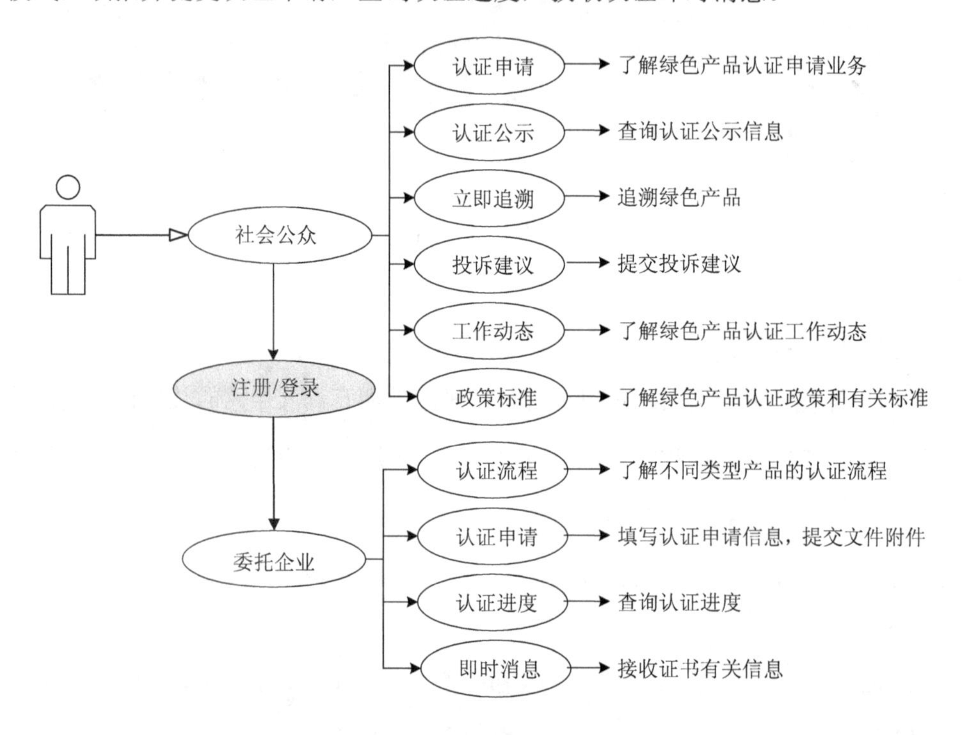

图 7-14　委托企业角色功能设计

7.3 认证机构角色的需求分析与功能设计

认证机构是实施绿色产品认证活动的主体。认证机构需要按照绿色产品认证实施规则进行认证业务流程的管理。同时开展以下活动：①受理委托企业的认证申请；②开展资料技术评审、现场评价、产品抽样检验、认证结果评价、获证后监督等业务活动；③进行获证企业公示；④开展绿色产品认证活动的风险评价；⑤进行绿色产品资讯管理；⑥处理有关投诉建议。

7.3.1 认证机构角色需求分析

（1）流程管理

认证机构通过流程管理功能，可以进行流程编辑、建模和查看。其中，流程编辑可以进行流程的增加、编辑和删除。点击“新增流程”按钮，可以编辑新增流程信息，具体如图 7-15 所示。对于已新增的流程，可以通过编辑功能进行重新编辑。

图 7-15 认证业务流程编辑

完成认证业务流程每个步骤的编辑后，可以根据不同类别绿色产品认证实施规则的要求，进行认证业务流程的建模。完成认证业务流程建模后，可通过流程查看功能，查看绿色产品认证业务流程。单击流程图中的任何一个步骤，可以编辑该步骤下的具体细分活动及相关要求、规范文件等。社会公众或委托企业可以在认证业务流程查看功能中查询由认证机构发布的认证业务流程。

（2）认证管理

第一，认证机构需要审批委托企业提交的认证申请，点击“申请标题”，可以查看委托企业的申请信息，以及提交的各类附件资料，通过对申请信息和附件资料的审核，给出审批结果，如审批不通过，则给出整改意见。具体如图 7-16 所示。

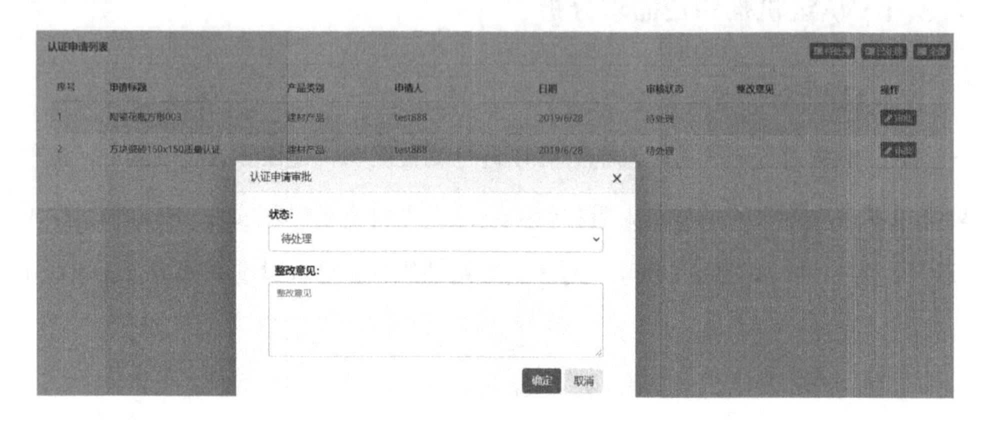

图 7-16　认证申请处理环节

第二，对于审批通过的认证申请，进入资料技术评审环节。认证机构需要下载委托企业提交的各类附件资料进行审查。主要审查附件是否满足认证实施规则的要求、是否完备有效等。具体如图 7-17 所示。

文件名	类型	备注	大小	状态	操作
01-申请书.txt	A01	备注1	286.00	0	下载
02-营业执照测试.jpg	A02		174375.00	0	下载
03-委托关系证明.txt	A03	备注3	262.00	0	下载
04-OEMODM知识产权关系测试.txt	A01	备注4	226.00	0	下载
05-商标名称及商标注册证明.txt	A05	133	232.00	0	下载
06-强制性产品认证证书.txt	A06	1234	278.00	0	下载
07-有效的型式检测报告附件.txt	A07	去去去	338.00	0	下载
08-产品及关键原材料描述.txt	A08	菜单	430.00	0	下载
09-相关体系证明材料.txt	A09		460.00	0	下载
10-企业安全生产标注化证明材料.txt	A10		398.00	0	下载
11-工厂保证能力相关管理体系文件.txt	A11		460.00	0	下载

图 7-17　资料技术评审环节

第三，完成资料技术评审的认证业务进入现场评价阶段。认证机构通过现场实地检查后给出通过与否的审批意见，并可根据现场检查实际情况上传现场检查附件。同时认证机构可以开展产品抽样检测，并根据检测结果给出通过与否的审批意见。具体如图 7-18 所示。

图 7-18　现场评价审批环节

第四，完成资料技术评审、现场检查和产品抽样检测之后，进入认证结果评价与批准环节。相应的负责人员可以下载查看此前各阶段所形成的文档资料和审批意见，在此基础上给出是否批准发放绿色证书的结论。具体如图 7-19 所示。

认证结果评价与批准列表　　待处理　已处理　全部

序号	申请标题	产品类别	申请人	审核资料	操作人	日期	审批	整改意见	操作
1	陶瓷花瓶方形003	建材产品	test888	现场评价结果 抽样检验结果	test888	2020/11/30 15:47:50	待处理		审批

图 7-19　认证结果评价与批准环节

第五，对于获得绿色产品标识的认证业务，认证机构需要按照绿色产品认证实施规则的要求，开展获证后监督工作，并根据监督检查的结果给出相应的审批意见。

第六，系统对于获证后的认证业务，自动核算证书有效期，并在证书有效期届满前3个月向委托企业发出延续申请提醒。

（3）企业认证公示

认证机构通过企业认证公示功能增加、修改、删除绿色产品认证的有关公示，包括获证公示、证书撤销与暂停公示、证书失效公示等。发布成功后，社会公众可以在绿色产品认证信息网络平台公示公告栏目下查看。

（4）风险管理

认证机构可以通过风险管理模块对列表中已完成的认证业务进行风险识别和综合评价。本系统根据 AHP 构建绿色产品认证过程风险评价模型，AHP 模型如图 7-20 所示。

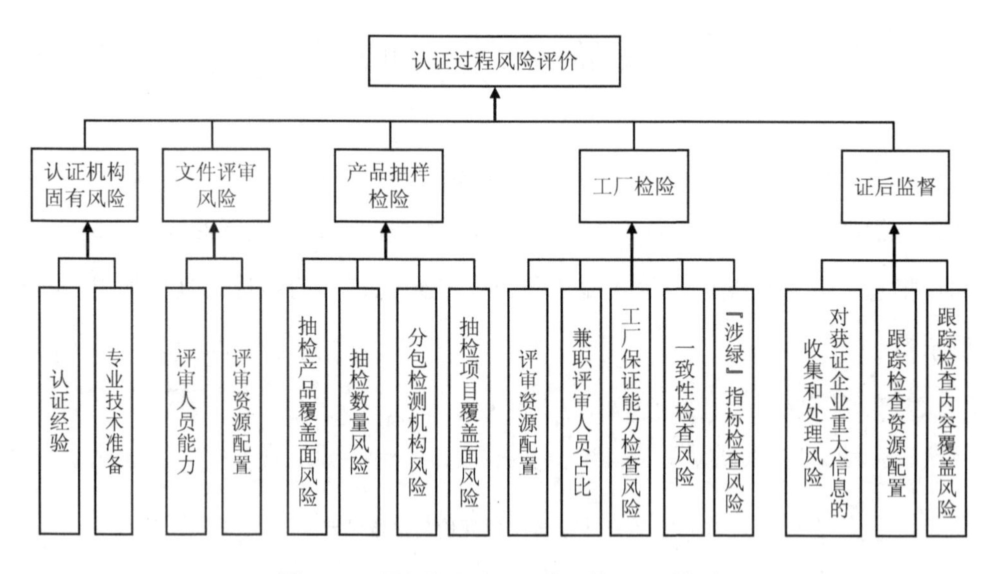

图 7-20 绿色产品认证风险评价 AHP 模型

根据层次分析模型，进行各层级各类别风险点的两两比较打分。系统提供了可视化的打分界面，既可以手工输入打分数据，也可以通过点击图标进行设置。具体如图 7-21 所示。

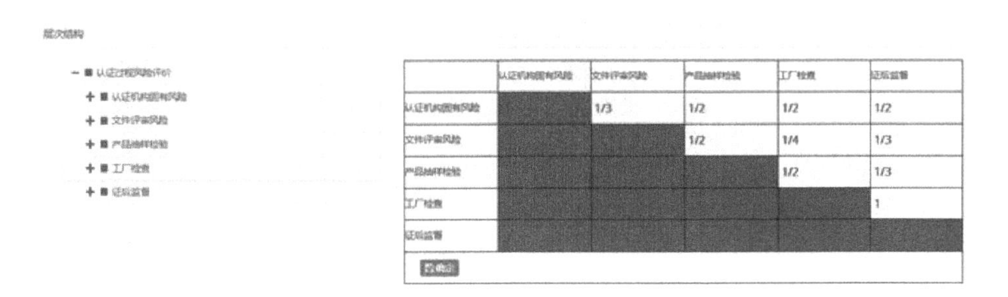

图 7-21　绿色产品认证风险评价示意

完成专家打分后，点击“提交”按钮，系统完成该项绿色产品认证业务关键风险点测度。用户通过“结果图表”功能查看该项认证业务的关键风险点，系统以饼图、条形图等方式可视化呈现各个风险点的排序，具体如图 7-22 所示。同时系统配备数据视图，可以具体查看各风险点的权重数据。

完成关键风险点识别后，通过风险综合评价功能，可以实现该项认证业务风险度的综合评价。评价人员只需通过系统输入每个风险点的风险度量值，系统就可自动核算该项认证业务的综合风险度。具体如图 7-23 所示。

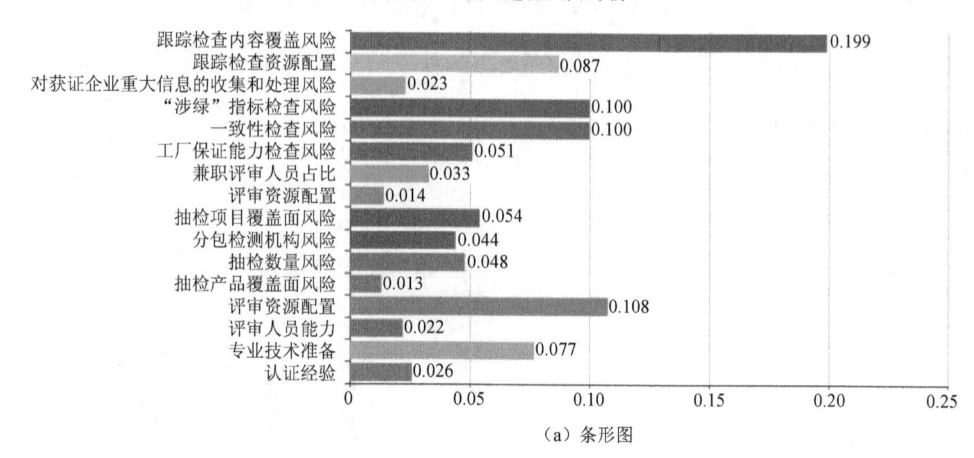

（a）条形图

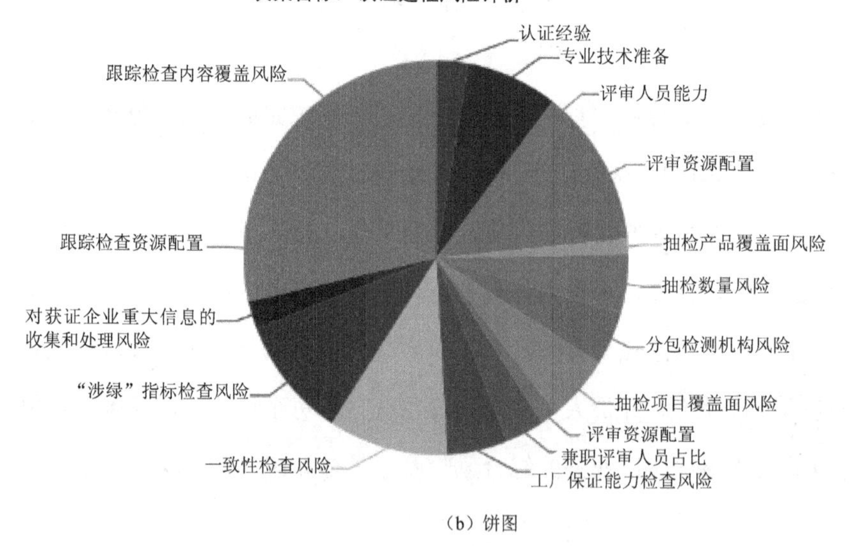

（b）饼图

图 7-22 绿色产品认证关键风险点识别结果可视化效果图

综合评价

认证环节	风险点	风险度量	数值	评价	评测人	日期	操作
认证机构固有风险	认证经验	近一年已完成同类认证项目10次以上	0	2	wy	2020-02-28 19:27:00	提交
		近一年已完成同类认证项目5-10次	1				
		近一年已完成同类认证项目1-5次	2				
		近一年尚未开展过同类认证项目	3				
	专业技术准备	具有专业的作业指导文件，与项目认证需要完全一致	0	1	wy	2020-02-28 19:27:00	提交
		具有专业的作业指导文件，与项目认证需要基本一致	1				
		具有专业的作业指导文件，与项目认证需要有较大差异	2				
		没有相关认证的作业指导文件	3				
文件评审风险	评审人员能力	具备相应专业的知识，完成过10次以上评审	0	3	wy	2020-02-28 19:27:00	提交
		具备相应专业的知识，完成过5-10次评审	1				
		具备相应专业的知识，完成过1-5次评审	2				
		具备相应专业的知识，但未从事过文件评审	3				
	评审资源配置	评审人日数与项目认证需要完全一致	0	1	wy	2020-02-28 19:27:00	提交
		评审人日数与项目认证需要缺少1人日	1				
		评审人日数与项目认证需要缺少2人日	2				

图 7-23 绿色产品认证风险综合评价

完成风险综合评价后，系统以风险分布雷达图、风险仪表盘等可视化形式呈现该项认证业务的风险度，具体如图 7-24 所示。通过风险分布雷达图，可以直观了解认证过程中各环节的风险分布情况；通过风险仪表盘可以直观感受绿色产品认证业务总体风险度的大小。此外，系统还具备风险报告的查看和导出功能，满足风险管理人员的业务需要。

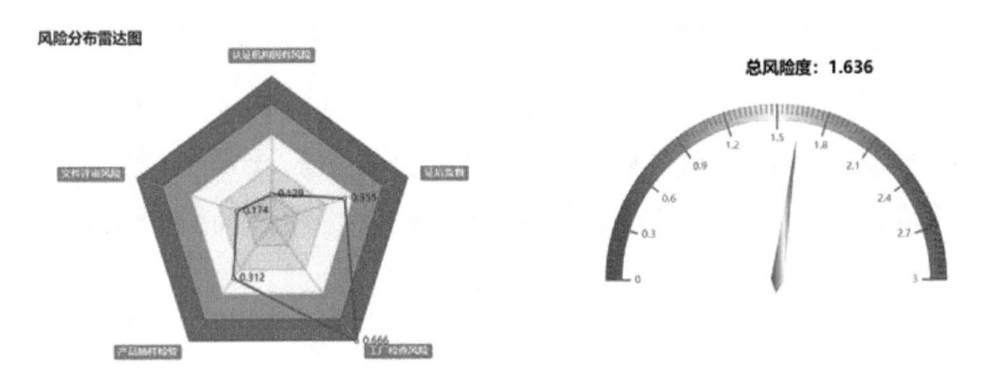

图 7-24 风险评价结果可视化效果

（5）资讯管理

认证机构通过资讯管理功能，发布工作动态、公告通知、政策标准以及相关资料，供社会公众查询。资讯管理具有工作动态、公告通知及政策标准的新增、编辑、删除功能。以新增工作动态为例，其界面如图 7-25 所示，用户可以图文并茂地发布工作动态。

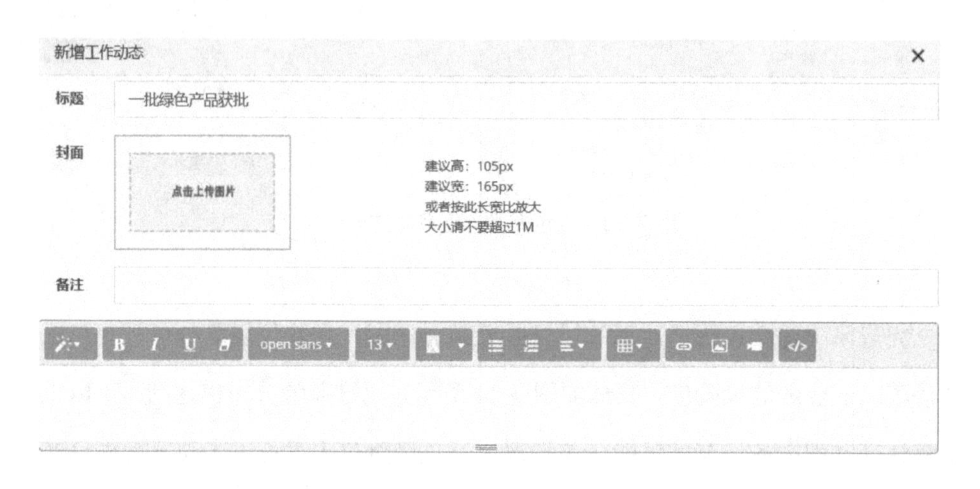

图 7-25 新增工作动态

7.3.2 认证机构角色功能设计

根据上述需求分析，认证机构通过注册并登录绿色产品认证信息网络平台，可以进行认证业务流程管理维护，开展绿色产品认证业务，对绿色产品认证业务进行风险评价，发布与绿色产品认证相关的工作动态、公告通知、政策标准及相关资料。面向认证机构的用例设计如图 7-26 所示。

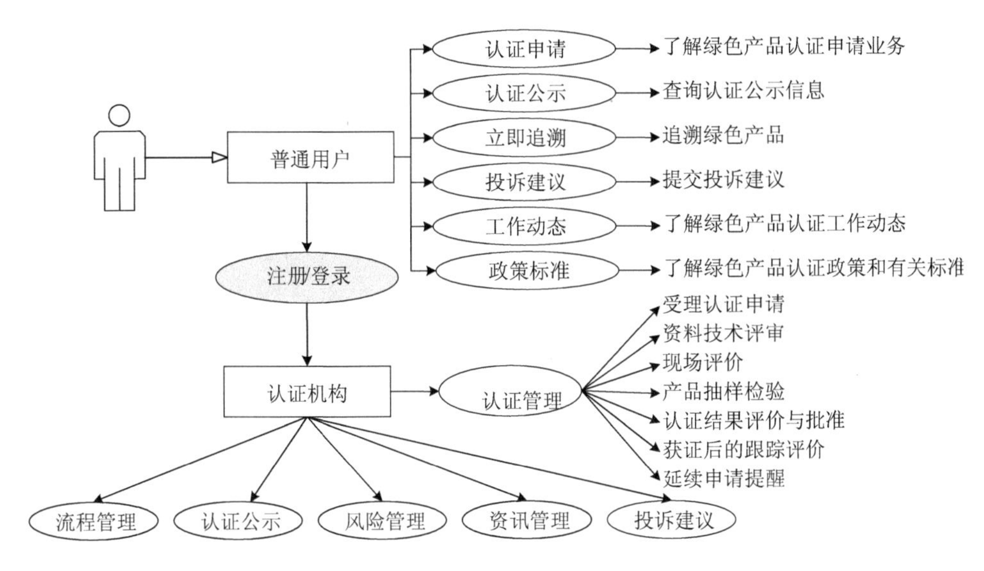

图 7-26　认证机构角色功能设计

7.4　本章小结

本章在绿色产品认证风险管控理论研究的基础上，运用信息技术手段进行绿色产品认证信息网络平台的研发。面向社会公众、委托企业和认证机构三类主体，进行了不同用户角色的需求分析和功能设计，在此基础上完成信息网络平台的开发，实现了绿色产品认证业务的在线办理、风险评价、追踪溯源以及重要资讯的发布等。

第 8 章

结论与展望

8.1 主要结论

本书依托国家重点研发计划项目，面向国家绿色发展战略需求，针对绿色产品认证过程中的风险管控问题开展研究。主要结论如下：

1）绿色产品认证是基于全生命周期理念开展的，涉及社会公众、认证机构、委托企业及其供应链条、监管机构等多个利益主体，需全方位考虑产品的资源、能源、环境和品质属性特性的认证活动。因此，相较于以往单一绿色属性的认证活动而言，绿色产品认证周期长、认证风险点多、风险要素间关系错综复杂，风险管控难度大。

2）绿色产品认证基于“初始检查+产品抽样检验+获证后监督”的认证模式。这一模式涉及多个环节，每个环节都会涉及人员、技术、管理和信息等多个要素，任何一个要素出现不确定性，都可能诱发绿色产品认证失效，因此需系统性地进行认证风险分析。本研究基于认证业务流程视角进行风险识别，构建了包括五大类 16 个风险要素的风险点体系；基于利益相关者视角进行风险识别，分别分析了与认证机构、委托企业以及检验检测机构相关的风险要素；基于关键认证要素视角进行风险识别，分别从认证机构、委托企业、认证业务以及认证实施四大核心要素细分风险，并给出每个风险的考查点。

3）在绿色产品认证风险管控中，受限于管控资源的有限性，需要重点关注少数关键风险，即满足帕累托法则要求。因此，需要在众多的认证风险点中识别关键风险点。本研究构建的AHP-熵权法组合赋权模型适用于不考虑风险要素间具有交互影响关系的情形，该模型充分权衡了领域专家经验和客观数据信息，实现了科学合理的关键风险点识别。ISM-ANP模型则考虑到各风险要素之间是否存在交互影响关系的问题，通过ISM模型计算各风险要素的驱动力和依赖性，识别哪些是诱发认证风险的根本风险点，进而通过对风险可达集和先行集的分析，构建绿色产品认证风险层次结构图，在此基础上运用ANP模型进行建模运算，计算各风险点的权重，识别关键风险点。DEMATEL-ANP模型则进一步细化了风险要素之间交互影响关系的测度，根据风险要素的原因度和中心度，将风险要素划分为驱动要素和结果要素，进而构建因果关系图，同时DEMATEL模型中的综合影响矩阵可直接作为ANP模型未加权超矩阵进行模型运算，最后结合ANP权重和DEMATEL中心度，计算各风险点的加权中心度，由此识别关键风险点。

4）随着绿色产品认证在全国范围内的实施，绿色产品认证风险管控将面临大数据量冲击。因此需解决海量认证业务数据情境下的风险评价问题。本研究探索运用人工神经网络进行认证风险智能评价，对比了经典BP模型、L-M改进BP模型和SCG改进BP模型在评价效果上的表现，认为L-M改进BP模型适合大数据环境下的绿色产品认证风险评价。同时，探索了PNN模型在绿色产品认证风险评价中的应用，示例结果表明PNN模型具有较高的可靠性。

5）绿色产品认证风险溯源是在绿色产品认证失效情况发生时，快速锁定导致认证失效的风险点，进而追溯责任主体。本研究基于认证风险分析，构建贝叶斯溯源模型；考虑到部分风险因子难以测定与量化的问题，采用三角模糊数进行风险事件数据处理；在此基础上获取贝叶斯网络条件概率值，实现正向与逆向的综合推理。分析认为：从认证机构的角度来看，认证失效风险的最大致因链为“认证机构→行为风险→工厂检查”；从生产企业的角度来看，认证失效风险的最大致因链为“生产企业→产品一致性→产品绿色度一致性”；从检验检测机构的角度来看，认证失效风险的最大致因链为“检验检测机构→行为规范→人员利害关系”。

6）信息网络平台是社会公众、委托企业和认证机构等各类主体了解绿色产品认证资讯、获取绿色产品信息、办理绿色产品认证业务、进行认证风险管控的重要渠道和手段。面向不同用户角色开展了需求分析和功能设计。其中，社会公众通过访问网站，可以了解绿色产品认证申请流程，查询认证公示信息，追溯相关绿色产品，并对绿色产品进行投诉建议，了解绿色产品认证工作动态、认证政策和有关标准等。委托企业通过注册并登录绿色产品认证信息网络平台，可以了解不同类型绿色产品的认证模式，填报并提交认证申请，查询认证进度，获取认证即时消息。认证机构通过注册并登录绿色产品认证信息网络平台，可以进行认证业务流程管理维护，开展绿色产品认证业务，对绿色产品认证业务进行风险评价，发布与绿色产品认证相关的工作动态、公告通知、政策标准及相关资料。

8.2 研究展望

本研究探索构建的风险管控理论模型及信息网络平台为未来绿色产品认证工作开展过程中的风险管控提供了一定的理论指导。但由于绿色产品认证工作尚处于起步阶段，当前并没有形成丰富的案例数据可供参考、运用，因此后续还有很多尚待完善的研究工作。

1）认证风险管控模型的完善优化。本研究探索构建的风险指标体系尚处于初级阶段，各风险指标的测度方法也有待进一步优化。在建模仿真过程中，由于当前没有充足的认证业务数据，因此采用了示例数据进行研究。未来随着绿色产品认证业务的广泛开展，结合认证实际情况，需要对现有的风险框架体系进行补充完善，精简一些不必要的风险要素，纳入一些当前尚未考虑到的风险点，或者提出全新的风险分析视角。同时依托认证业务数据进行实证研究，进一步完善理论模型。

2）基于新一代信息技术的认证风险管控平台研发。当前大数据、云计算、物联网、移动互联网技术广泛应用，未来可探索的研究方向包括基于物联网技术的认证风险数据自动采集、基于多源数据融合视角下的认证风险管控方法、基于海量数据的智能风险预警机制、基于用户参与的认证风险溯源模型等。上述研究方向的研究成果可集成应用，进而有助于开发出基于移动互联网的面向智能终端的应用程序。

参考文献

[1] 国家绿色产品评价标准化总体组. 绿色产品评价通则：GB/T 33761—2017[S]. 北京：中国标准出版社，2018.

[2] GURAU C，RANCHHOD A. International green marketing：a comparative study of British and Romanian firms[J]. International Marketing Review，2005，22（5）：547-561.

[3] LAM A Y C，LAU M M，CHEUNG R. Modelling the relationship among green perceived value，green trust，satisfaction，and repurchase intention of green products[J]. Contemporary Management Research，2016，12（1）：47-60.

[4] PALEVICH R. Lean sustainable supply chain：how to create a green infrastructure with lean technologies[M]. London：Pearson Education，2011.

[5] 孙剑，李崇光，黄宗煌. 绿色食品信息、价值属性对绿色购买行为影响实证研究[J]. 管理学报，2010，7（1）：57-63.

[6] SHAMSI M S，SIDDIQUI Z S. Green product and consumer behavior：an analytical study[J]. Social Sciences & Humanities，2017，25（4）：1545-1554.

[7] MURALI K，LIM M K，PETRUZZI N C. The effects of ecolabels and environmental regulation on green product development[J]. Manufacturing & Service Operations

Management，2018，21（3）：479-711.

[8] BUKHARI A，RANA R A，BHATTI U T. Factors influencing consumer's green product purchase decision by mediation of green brand image[J]. International Journal of Research，2017，4（7）：1620-1632.

[9] 宗建芳，陈健华. 产品生态标识的特点与标准研究[J]. 中国标准化，2017，505（17）：57-61.

[10] 张伯坚. 2000 新版质量管理体系国家标准理解与实施[M]. 北京：国防工业出版社，2004.

[11] 李波. 中国质量认证中心发展战略研究[D]. 兰州：兰州大学，2009.

[12] 全国风险管理标准化技术委员会. 风险管理　风险评估技术：GB/T 27921—2011[S]. 北京：中国标准出版社，2012.

[13] 王文. 认证项目管理中的风险控制[J]. 中国认证认可，2010（3）：46-47.

[14] 刘宗岸. 有机农产品认证风险分析与控制[J]. 热带农业科技，2011，34（4）：40-42.

[15] 杜清婷，常银昌，马晓雯. 装配式建筑部品与构配件认证风险评估研究[J]. 工程管理学报，2019，33（4）：32-37.

[16] 庞睿. 基于新版药品 GMP 认证过程中的风险分析[J]. 中国电子商务，2014（4）：112.

[17] 孙煜，陈丹丹. 药品 GMP 认证现场检查质量风险分析与控制[J]. 商品与质量，2018（3）：252.

[18] 赵敏. 管理体系认证风险管理模式初探[J]. 标准科学，2010（9）：82-86.

[19] 谭福海，许兴祥，王芳芳. 工厂现场检查中对于检查员的风险识别[J]. 质量与认证，2017（9）：50-52.

[20] 尹晓敏. 认证机构认可的风险管理模式初探[J]. 标准科学，2013（10）：84-87.

[21] 刘川峰，许兴祥，王芳芳. 工厂现场检查中对于工厂的风险识别[J]. 质量与认证，2017（9）：53-54.

[22] 刘浩. 药品 GMP 认证现场检查质量风险分析与控制[J]. 黑龙江医药，2015，28（6）：1243-1244.

[23] 江映珠，邹毅. 药品 GMP 认证现场检查质量风险分析与控制[J]. 广东药学院学报，2010，26（3）：302-304.

[24] 程正文，姚冬敏，石巍. 体系认证机构常见行政监管法规风险浅析[J]. 中国认证认可，2014（6）：23-24.

[25] 万靓军，朱彧，刘建华. 农产品质量安全认证内源性风险管理研究——以无公害农产品认证为例[J]. 中国食物与营养，2016，22（11）：9-12.

[26] 郭宝光，邵小明，闫翠香，等. 有机野生采集产品关键风险因素分析[J]. 生态与农村环境学报，2017，33（8）：680-687.

[27] 陈洪根. 基于故障树分析的食品安全风险评价及监管优化模型[J]. 食品科学，2015，36（7）：177-182.

[28] 全恺，梁伟，张来斌，等. 基于故障树与贝叶斯网络的川气东送管道风险分析[J]. 油气储运，2017，36（9）：1001-1006.

[29] ARDESHIR A，AMIRI M，MOHAJERI M. Safety risk assessment in mass housing projects using combination of fuzzy fmea，fuzzy FTA and AHP-DEA[J]. Iran Occupational Health，2013，10（6）：71-80.

[30] AHMADI M，MOLANA S M H，SAJADI S M. A hybrid FMEA-TOPSIS method for risk management，case study：Esfahan Mobarakeh Steel Company[J]. International Journal of Process Management and Benchmarking，2017，7（3）：397.

[31] 郝红岩. FMEA 技术在认证公正性管理中的应用[J]. 中国认证认可，2017（11）：33-34.

[32] 刘兰凯，韩燕，李键. 基于灰色评价法的云南省有机产品认证质量评价研究[J]. 昆明理工大学学报（社会科学版），2019，19（3）：75-81.

[33] 张领先，顾东岳，陈诚，等. 基于突变级数法的有机蔬菜认证风险评估系统[J]. 农业机械

学报，2017，48（6）：152-158.

[34] 张长鲁，张健，田晓飞，等. 基于组合赋权的绿色产品认证关键风险点识别及评价[J]. 统计与信息论坛，2019，34（5）：83-91.

[35] 李洪伟，王炳成，马媛. 绿色产品开发的制约因素分析[J]. 生态经济，2008（12）：47-53.

[36] HASKI-LEVENTHAL D，MEIJS L C P M，HUSTINX L. The third-party model：enhancing volunteering through governments，corporations and educational institutes[J]. Journal of Social Policy，2010，39（1）：139-158.

[37] SEDLACEK S，MAIER G. Can green building councils serve as third party governance institutions？ An economic and institutional analysis[J]. Energy Policy，2012，49（49）：479-487.

[38] 刘长玉，于涛. 绿色产品质量监管的三方博弈关系研究[J]. 中国人口·资源与环境，2015，25（10）：170-176.

[39] 凌六一，董鸿翔，梁樑. 从政府补贴的角度分析垄断的绿色产品市场[J]. 运筹与管理，2012，21（5）：139-144.

[40] 张翼，王书蓓. 政府环境规制、研发税收优惠政策与绿色产品创新[J]. 华东经济管理，2019，33（9）：47-53.

[41] 宋妍，李振冉，张明. 异质性视角下促进绿色产品消费的补贴与征税政策比较[J]. 中国人口·资源与环境，2019，29（8）：59-65.

[42] DOWNS S M，PAYNE A，FANZO J. The development and application of a sustainable diets framework for policy analysis：a case study of Nepal[J]. Food Policy，2017，70：40-49.

[43] KLEBOTH J A，LUNING P A. Risk-based integrity audits in the food chain—a framework for complex systems [J]. Trends in Food Science & Technology，2016，56（10）：167-174.

[44] 刘双，姜岩. 论政府在农产品质量安全保障中的作用[J]. 生态经济，2011（10）：110-112.

[45] 陈松. 中国农产品质量安全追溯管理模式研究[D]. 北京：中国农业科学院，2013.

[46] 叶云. 农产品质量追溯系统优化技术研究[D]. 广州：华南农业大学，2016.

[47] 何秋蓉. 农产品质量安全追溯关键技术研究[D]. 广州：华南农业大学，2018.

[48] 宋焕. 食品供应链关键环节的追溯信息共享机理研究[D]. 北京：中国农业大学，2018.

[49] 刘晓琳. 食品可追溯体系建设的政府支持政策研究[D]. 无锡：江南大学，2015.

[50] 王娇. 基于区块链的药品智能追溯体系构建及协同运作机制研究[J]. 卫生经济研究，2020，（11）：38-41，44.

[51] 李桃，严小丽，吴静. 基于区块链技术的工程建设质量管理及追溯系统框架构建[J]. 建筑经济，2020，（11）：103-108.

[52] 韩飞，程卫东，郑元坤，等. 饲料安全追溯系统的设计研究[J]. 中国农机化学报，2020（5）：74-78.

[53] 王岳含. 我国种子质量可追溯系统研究[D]. 北京：中国农业科学院，2016.

[54] 葛岩. 低电压电气设备 GC 标志认证追溯系统详解[J]. 质量与认证，2020，（10）：56-58.

[55] 全国风险管理标准化技术委员会. 风险管理　术语：GB/T 23694—2013[S]. 北京：中国标准出版社，2014.

[56] 中国注册会计师协会. 公司战略与风险管理[M]. 北京：中国财政经济出版社，2018.

[57] 楚永生. 利益相关者理论最新发展理论综述[J]. 聊城大学学报（社会科学版），2004（2）：33-36.

[58] 张长鲁，张健. 中国绿色食品认证省域发展差异及综合评价[J]. 生态经济，2017，33（10）：96-99.

[59] 黄雪. 基于 ISM-ANP 的绿色产品创新影响因素研究[D]. 郑州：郑州大学，2017.

[60] VASANTHAKUMAR V C，VINODH S，RAMESH K. Application of interpretive structural modelling for analysis of factors influencing lean remanufacturing practices[J]. International Journal of Production Research，2016，54（24）：7439-7452.

[61] 王群伟，杭叶. 废弃食用油生物燃料化的影响因素——基于 DEMATEL 方法的分析[J]. 中

国人口•资源与环境，2014，24（5）：58-60.

[62] 韩维，李正阳，苏析超. 基于改进 ANP 和可拓理论的航空保障系统效能评估[J]. 兵器装备工程学报，2019，40（8）：100-105.

[63] HU Y C，CHIU Y J，HSU C S，et al. Identifying key factors for introducing GPS-based fleet management systems to the logistics industry [J]. Mathematical Problems in Engineering，2015（2）：1-14.

[64] JIANG P，HU Y C，YEN G F，et al. Using a novel grey DANP model to identify interactions between manufacturing and logistics industries in China [J]. Sustainability，2018，10：34-56.

[65] CHIU W Y，TZENG G H，LI H L，et al. A new hybrid MCDM model combining DANP with VIKOR to improve e-store business [J]. Knowledge-Based Systems，2013（37）：48-61.

[66] 史文雷，阮平南，徐蕾，等. 创造共享价值的企业战略实施绩效评价——基于改进 BSC 和 DEMATEL-ANP 方法的模糊综合评价模型[J]. 技术经济与管理研究，2019（11）：3-9.

[67] 孙湛，马海涛. 基于 BP 神经网络的京津冀城市群可持续发展综合评价[J]. 生态学报，2018，38（12）：343-353.

[68] 俞玮捷，刘光宇. 基于BP神经网络的光伏系统故障诊断方法[J]. 杭州电子科技大学学报（自然科学版），2018，174（4）：56-61，93.

[69] 游丹丹，陈福集. 基于改进粒子群和 BP 神经网络的网络舆情预测研究[J]. 情报杂志，2016，35（8）：156-161.

[70] 李雪芝，周建平，许燕，等. 基于 L-M 算法的 BP 神经网络预测短电弧加工表面质量模型[J]. 燕山大学学报，2016，40（7）：296-318.

[71] 唐超，柴继文，王海，等. 基于 L-M 算法的电压互感器状态监测[J]. 数学的实践与认识，2018，48（7）：206-213.

[72] 张琳琳. 基于 SCG 算法的 GIS 复杂局部放电的模式识别研究[D]. 济南：山东大学，2019.

[73] 程盼龙. 基于 PCA-PNN 的冷热冲击箱制冷系统故障诊断研究[D]. 广州：广东工业大学，2017.

[74] YI J H，WANG J，WANG G. Improved probabilistic neural networks with self-adaptive strategies for transformer fault diagnosis problem[J]. Advances in Mechanical Engineering，2016，8（1）：1-13.

[75] 苏亚松，张长鲁，廖梦洁，等. 基于 ANP 和 PNN 的县域采煤矿区安全风险评价[J]. 煤矿安全，2020，51（1）：251-256.

[76] MARTÍNEZ-RODRÍGUEZ A M，MAY J H，VARGAS L G. An optimization-based approach for the design of Bayesian networks[J]. Mathematical & Computer Modelling，2008，48（7）：1265-1278.

[77] 韩鹏，王梦琦，赵嶷飞. 基于贝叶斯网络的物流无人机失效风险评估[J]. 中国安全生产科学技术，2020，16（11）：178-183.

[78] 黄长全. 贝叶斯统计及其 R 实现[M]. 北京：清华大学出版社，2017.

[79] 王旭. 基于模糊贝叶斯网络的城市轨道交通运营安全风险评估研究[D]. 南昌：华东交通大学，2018.

[80] 江文奇，戴雪梅. 一种三角模糊数型多准则决策的拓展 VIKOR 方法[J]. 统计与决策，2019（18）：25-31.

[81] 张浩，王明坤. O2O 模式下供应链失效风险识别模型及仿真[J]. 系统仿真学报，2016，28（11）：2747-2755.